阅美文化

悦读阅美·生活更美

女性生活时尚阅读品牌

□ 宁静 □ 丰富 □ 独立 □ 光彩照人 □ 慢养育

优雅是一种选择

珍藏版

徐俐 著

优雅，
是徐俐面对生活时的选择，
更是她面对生命的态度。

漓江出版社

再版序

这是一本合集。书中的文字多写于十多年前。

我分别在 2006 、2007、2011 年出版了《女人是一种态度》《优雅是一种选择》及《垭口》三本书。书中很多内容表达了对生命和生活的基本态度，而这次，出版社是将三本书中的相关内容集合在了一起。

重新读过，仍然多有感慨。这些年，书中的许多文字和观点被互联网多有传播，如那篇名为“中国女人整体放弃自己太早了”的鸡汤文，摘编了我的观点和部分文字，再辅以互联网编写手段，以我的名义在无数公众号上转载传播，阅读量总有几百万吧。

我当然没有想过，十多年前的有感而发会成为当今社会的“心灵鸡汤”。总有人需要成长，这也许便是出版社再版的原因吧。

十多年前还少有“鸡汤”一说，我写下那些文字也少有“鸡汤”疗效的考量，我只是在生命进入某个阶段的时候，对人生做了一次总结。总结里有心得有体会有思考，说的都是真话。如果有人说我活得很自律，很清醒，很正能量……那么我的总结便解析了这类结论的由来……

我试图阐述如何做一个高质量的幸福的女人，任何社会任何时代这都会是有效命题吧。

毕竟是十多年前的东西，再读，会有年代的隔离，但观点依旧有思考价值。比如，我坚持婚姻应该寻找对等的匹配，纵观这十多年急剧变化的社会生活，我仍然认为寻求对等的匹配是婚姻稳固的最佳良方。

对过去的文字和观点，我没有做任何的改动。哪怕是文字显而易见的简单和粗糙，我都原汁原味保留了下来。它代表了我的过去，过去就是过去，没有更改和粉饰的必要。

如何做一个幸福的女人，这是女人需要用一生实践来完成的生命命题。这十多年我依旧幸福而从容地工作生活着，我已走过职场的大部分时段，再过几年，生活将是另一幅图景，那幅图景里将有怎样的感受和思考，容我再叙吧。

再会！

徐俐

写于 2018 年 7 月 6 日

目录

第二部分

幸福是一种能力

第三部分

美丽是自己疼爱自己的方式

第一部分

梅里，梅里

人生在世，
不是人人都有机会试探自己精神和肉体的极限，
若有机会，
不妨纵情一试！

引　子

最初的兴奋与冲动过后，我像什么都不曾发生过，继续循环着以往的日子。而在日子的流逝里，又分明记惦着一件紧要的事情应该完成，那便是对自己一年前的一次异常之旅的深切打量和整理。

虽说异常，却也不是什么格外的壮举，尤其对那些常年在外流浪与行走的人，只是同我的日常生活状态相比，它多少显出了特别。能够证明这种特别的，是当我告诉那些好奇的人们之后，人们无一例外地露出极惊讶的表情：你呀？真的呀？太了不起了！

我的日常生活，是早起坐在阳台上晒太阳、喝茶、读书，然后等待着下午至夜晚工作的开始。偶尔同朋友聚聚，在一些有着或大或小、或真或假的个性的僻静去处，或与美食狂欢，或做深夜清谈；再偶尔逛逛街，按照自己对所谓时尚的理解与消解，甄选些既优雅经典又时尚精致的穿戴。总之，我的生活同都市大部分白领的生活一样，虽说工作性质和平台有所不同，但总体生存状态没有本质差异，都是在追求社会身份和金钱利益的同时，尽量过着舒适随己的日子。

怎么就去转山了呢？

转山，对着灵性的大山反复绕走的仪式。藏族同胞相信，遭遇

苦难的人借此能得到罪孽的洗脱与身心的净化。转山者，必须舍去己身私欲，仅为他人祈福而行。

我去梅里雪山转山了。不为洗清罪孽，只为实在的劳其筋骨，和设想中的苦其心智，在生命中多留下一些关于活过的模糊记忆。

缘　由

梅里，藏语为“神圣”之意，处滇藏交界，南接碧罗雪山，北连西藏阿冬格尼山，十三座群峰一线相连，主峰卡瓦格博峰（汉译太子峰）高 6740 米，为藏区八大神山之首，终年云雾环绕，庄严静穆，摄人魂魄。

去梅里转山，缘起我和丈夫 2008 年 9 月在丽江休假。那年在古镇发呆不过三日便有些烦，没别的，委实人太多，想象中呆头呆脑、无所事事的境界已经难觅，我们想逃离，而逃离的最佳去处自然便是梅里。梅里从丽江再往西，途中有丽江的朋友派车送行，一路还可顺带看看虎跳峡，当然最好不过。这样的随性而起，有种走哪儿算哪儿的任性和惬意，我为这种任性而格外自喜。女人是喜欢任性的，如天赋人权一般，任性恰象征着女人天然的自由。

尽管只是路过，虎跳峡还是值得一看。现在去虎跳峡的路已经十分好走，车可以开到峡谷外缘，然后再步行数公里便到达浊浪排空的“虎跳”之处。因为喜欢走路，那段常人看来不算太短的路程，我走起来十分轻松。看虎跳峡是需要一些勇气的。我们去的时候水量极充沛，只见金沙江心盘踞着一块巨大的礁石，形状确似伏卧的猛虎，“虎头”强健而硕大，奔腾而下的江水遇到猛虎的拦截

撞击，顺势在“虎背”“虎头”上拍起滔天巨浪，激越的狂涛声在峡谷的回荡下，像是云间雷霆，震耳欲聋，惊心动魄。

我们沿修好的石梯一直下到了最低端，就是最靠近虎跳石的岩石边，在那里，互相间贴近耳朵说话已听不完全，只有狂涛震耳欲聋的轰鸣。因为离“虎头”很近，拍起的水雾完全将人身笼罩，水雾是清凉的，仿佛带着某种颤抖，那颤抖像是警告，警告人们不要再肆意靠近；又像是安慰，毕竟只是水雾，不再有水的狂野，浪的狰狞。水雾只是笼罩，再不能将亲近它的人们席卷和吞噬。

无论是警告还是安慰，站在岩石上的我始终心惊肉跳，恐惧之中一直在想：当年长江漂流的勇士，面对这样狂浪的江水何以就能纵身一跳，将自己的生命交付于未知，甚或竟是交付于确知的死亡之旅？美国的勇士也曾来看过，但是他们放弃了漂流，在对自然的挑战和对生命的郑重之间，他们选择了生命。我对那些英勇赴死的中国勇士们充满了痛惜：为什么一定要拿生命去证明什么？为什么一定要拥有那样的证明呢？行为固然壮烈，勇气固然可佩，可还有什么比活着看千年江水自然流淌，在心灵中体会壮怀激烈，来得更实际、更理性、更合乎大自然的规律定数呢?

我只是一个俗人，本能地贪生怕死，无法想象一个勇士的视死如归。或许他也曾害怕过，只是害怕过后，他仍将害怕转为决然的一跳，在大自然缔造的惊骇景象中化为永恒。

在虎跳峡没有过多耽搁，因为惦记着中甸有朋友在等。中甸就是现在的香格里拉，离梅里还有三百多里，去梅里的观光客都须在中甸留宿，第二天早起上路赴梅里，当天还可赶回丽江。多数人都是这样选择的。

中甸留宿一夜，第 2 天在当地朋友老熊的陪同下开车去梅里。老熊的母亲是藏族，父亲是汉族，他取了一个汉人的名字，平时也多讲汉话，但骨子里仍认为自己是个藏族汉子。在地域的分割上，滇藏交界之处归于“康藏”，此处的藏族汉子即为声名赫然的康巴汉子，老熊自然也是，只是没有传说中康巴汉子的高大，但却是敦实健壮的。

从中甸到德钦有约 4 小时的路程，一路盘山而绕。德钦是云南最西端的一个县城，也是当年茶马古道在云南的最后一站，再往西走就是西藏，全县总共六万人。到了德钦，梅里就到了。

早听过当地人流传一种说法：倘若进入梅里看到的第一眼，是梅里雪山完整的身形，此人必将幸运一整年。可是拥有这种幸运并非易事，季节、天象，或许还有观山人与梅里与生俱来的缘分。我们第一眼中的梅里，多半的身形已显露在外，山的顶部一带却被薄云笼罩，看起来似是壮丽，却分明还有些遮掩的羞涩。以往没有看

到完整山形的人，大多会原地等候，试试自己的运气，有的人一等数天，终究也无缘相见。这样的故事形形色色，多数还神乎其神。

我们原本就是来看梅里的，再无其他的事情，索性就在山对面那条唤作飞来寺的小街上一家名为“季候鸟”的咖啡馆坐下，等着云开雾散。不知为何，我似乎一点也不担心那云的散去，因为我的想象里那云是一定会散去的，无须问为什么，这个信念一直坚定不移。

才是午后，咖啡馆里没有客人。听说这家“季候鸟”是这片山上的第一座咖啡馆，因为有了它，其他人才随后把饭店旅社跟着开起来。咖啡馆已开了六年，主人是个杭州来的四川籍女子，名叫乔阳。乔阳还在午睡，我们来了一阵她才起床，神情有些懒散，跟我们的招呼也是淡淡的，倒也不失礼貌。在阳光的背影里，我看乔阳约三十出头，面庞清秀，五官淡淡的，身材中等，胖瘦适中，整体季候鸟咖啡馆里最具特色的装饰，是这些过客们的留言。季候鸟经营至今已有六年，无数泛黄的纸片上，记录着一个个不知名的过客留下的激动或者感慨。不知道随着咖啡馆的关张，这些纸片将飘向何方。

看去倒也温婉柔和。我和先生都不喜热闹，乔阳的散淡正契合了午后阳光给予我们的照射——自然、随意、温暖，我们也随即懒散起来。懒洋洋地喝着咖啡，懒洋洋地闲聊。

一切都发生在这个下午。

见过各色人等的乔阳，似乎对我们这几个客人颇有好感，闲聊的话题看似随意，却没有半点不得已的敷衍。乔阳跟我们说了许多她在山上见到的各种奇人趣事，都是我们平日生活里不曾见过和听过的。比如她自己，她原本在杭州是个注册会计师，几年前烦了，便来到梅里开了这家咖啡馆，在此安身立命，进而不走了。她接待客人也要看心情，她笑着说：我跟店伙计说了，穿高跟鞋的不许进，穿西服的不许进，吆三喝四指手画脚的不许进，摆阔耍派的不许进，张嘴就美女帅哥的不许进……进来了也想法儿把他们弄出去，想吃的东西一律没有……

我们不禁莞尔："为什么呀？"乔阳说：这些人哪里是来旅行的，都是公款吃喝来凑热闹的，看着就烦，不许进！"那生意呢？"我们问。"无所谓，我又不指着咖啡馆发财，能维持，能让我每年出去几趟就行了。"

乔阳是游山玩水之人，她已经独自走了中国的许多地方。她说话的语气里绝少惊怪，一副事事见过，原本就是如此的样子。就在我写这些文字的当下，她一个人又走到了三江源头，她将沿澜沧江顺江而下，一直走到东南亚的柬埔寨，全程耗时约 4 个月。

乔阳的生存状态对我和先生而言，是一个新鲜而真实的存在，我们曾听到过类似的人物故事，却从不曾实际接触，不知道他们的所想，也不知道他们为什么如此。是缘于完全不同的成长背景，进而有完全不同的价值追求吗？是什么如此深刻地影响了他们的人生选择？乔阳说，还有比她更典型的，她的咖啡馆眼前正收留了一个流浪诗人，诗人不像她，她好歹还有个咖啡馆做自己的栖身之所，诗人一无所有，走哪儿算哪儿，靠打零工度日，才从大理待了几个月过来，在这儿已经一个多月，他接下来会去新疆。我忍不住问：他想过明天吗？以后怎么办呢？他怎么生活？“干吗想明天啊，不用想那么多，诗人根本不想。”乔阳回答。“你也不想吗？”我问。“不用想啊，没必要的。”声音细细的，无所谓的情绪中透着坚持与淡定。

随后诗人进来了。诗人三十七八岁，光头，戴着眼镜，上身一件灰紫色套头衫，腰间系着一件砖红色藏式长皮袍，一直落到脚面。一眼看去，诗人不像汉人，他皮肤黝黑，鼻梁高耸；也不像印象中的流浪者，诗人气质儒雅，神态镇定谦和，好似深藏寺院的佛教喇嘛。

诗人一张嘴，便知他是一个特殊的存在。他仿佛一眼就确知我们对他的兴趣，故时而吟诗，时而叙事，没有忌惮和羞涩。诗人如婴儿般袒露自己，自己的性、欲望，自己的悲惨、偏执，自己的才华、懦弱，自己的狡黠、逃离……接下来的两三个小时，我们就在诗人不知是天真还是纯真，不知是世故还是老到，不知是真实还是虚幻的讲叙中度过了，一直到太阳和月亮交接轮回之时，才忽然发现窗外雪山的轻雾已经散去，梅里雪山的壮美身姿完整地呈现在我们眼前！天哪！怎会有这样的惊世骇俗——

清月下的梅里雪山有一种令人屏住呼吸、难以置信的圣洁之美，她通体肃穆庄严，在万物纷乱拥挤的喧腾中，显示出不可思议的存在。她仿佛在替造物主告诉世人，无论世间怎样肮脏落败，有一种圣洁永远都在无言地矗立！

大家惊呼着，乔阳和诗人也由衷为我们高兴，祝贺我们是有福之人，因为神山在真心实意地欢迎我们！我们不虚此行！

因为我一直坚信雪山会云开雾散，所以当山体完全显露的时候，我似乎没有格外的惊诧，仿佛那山一直就是那个样子，意识里我忽然觉得，我如此地认定，难道这就是我同梅里雪山格外的缘分吗？这个念头引得我一阵狂喜。

看完山，又回头看身旁的诗人，诗人谈兴正浓，仿佛需要一个格外的宣泄。我的好奇也使得我像一个采访者，一个接一个问题扔给他，他也毫不避讳，一一作答。

我的问题仅关乎他的过去，我想知道他何以能够走到现在。诗人的随性是我的见识里极少有过的，他随性就放弃了工作，遇到一个深爱的女孩，发现自己可能走入婚姻，随性便抽身离开，哪怕在他幻想有家的时候，女孩也是唯一可能与他成家的人。诗人做这一切，有一种不计后果的义无反顾，后果如同虚设，完全视而不见。给我的突出印象，诗人是不在意明天，甚至是不需要明天的，明天是自己主动找上诗人的，找来了，诗人就同它打个招呼。那招呼并不刻意，甚至有些懒洋洋的，在与明天貌似无心的照面交会里，诗人知道下一个明天还会主动找来。诗人似乎只在意当下，当下的口粮，当下的心情，当下的性与爱，当下的一分一秒……诗人的故事就是由无数的当下构成的，给人的感觉，下下精彩。

这当然也是一种人生过程，对于我们这些久居都市，被现实的各种需要裹挟着，不由自主一往无前的人来说，这个过程无以复制，似也难以评价。只是在倾听的过程中，我竟感到了潜藏在自己心底的一阵遥远的冲动：我也去走走吧，远离我现实的世界，在另一个世界里打探一下自己的真实需求吧。

我不确定那个需求到底是什么，我只知道那个需求的满足一定是以行走为前提。当我在季候鸟咖啡馆的外墙上看到一张硕大的梅里雪山外转图时，我与先生不约而同地意识到：我们大约要来走一趟了！

铁定的决心

我们与老熊约定，来年的 10 月，即 2009 年 10 月我们一起到梅里转山。

在笃信藏传佛教的藏族同胞心中，转山是一种极其虔诚的宗教行为，他们坚信，通过转山，自己的苦难与罪孽会随着对神山的反复绕走而得以净化与解脱。藏族同胞转山是一种终生行为，在转山的路上，既有出生几个月尚在母亲襁褓中的婴儿，也有六七十岁步履蹒跚的老人。他们的转山经历少则几次，多则十几次、几十次，有人一年一转，有人一年几转。当我在路上问到其中的一位藏族同胞，为何需要年复一年来转山，他用有限的汉语回答我：转完了心里舒服，舒服……在说着“舒服”的同时，他用双手在胸口部位上下抚摸，脸上露出满足与惬意的表情。

转山的过程绝无舒服可言，全程披星戴月，风餐露宿，沿途还可能遭遇雨雪、酷暑、山体崩塌、攀登意外等难以预料的险境。至今没有人知道围绕梅里雪山行走一圈究竟是多少公里，这是只有局外人才关心的问题，转山的藏族同胞从不关心。藏族同胞只知道起点在哪儿，再奔着终点走去就是。

据传，梅里雪山的外转路线，是于七百多年前，由藏传佛教噶玛噶举派（白教）第二代噶玛巴活佛噶玛巴希朝拜梅里神山时所开辟和认定。这里原是一片原始森林，没有路，绝少人烟，一路崇山峻岭，沿途需翻越九座高近 5000 米、低不下 3000 米大小不等的山峰，还要穿越怒江干热河谷，气候变幻莫测。藏族同胞转山每天凌晨两三点便上路，天黑在有水源的地方停下来露宿，体力正常情况下，8、9 天走完全程。

这也是一条驴友钟情的行走路线。我们在网上查找这条线路的行走攻略，驴友设计的路线一般在 11 天至 13 天，多数时间需每天行走 10 小时左右，或者上坡，或者下行，平坦路线极少。分析网上的信息，除却转山的藏族同胞，顺利走过并走完这条线路的行者并不多。有人三次进山，都在第一座海拔 4400 米的克拉多山前却步，因为大雪，终究没有翻过山去。

我们需要行走，为何选择了这样一条转山之路呢？是缘于我们同梅里雪山特有的缘分吗？我们当然不曾想通过对神山的环绕来洗清自己的所谓罪孽，我们没有明确的宗教信仰，我们只是需要行走，并决然为自己设定了一个貌似难以企及的目标，然后激励自己去完成。我们知道，这是一次心灵探究之旅，是一次意志磨砺之旅，我们义无反顾地告诉自己，如果此生我们没有真正在意志上与自己有过较量，那就用这趟转山之旅来检验自己吧。

从 2008 年 10 月到 2009 年 11 月一年间，我们所有的工作和生活安排都是围绕着转山这一特定目标进行的，所有与 10 月转山相冲突的生活或工作内容一律放弃，并尽量将自己的身体调整到最好

状态。

直到启程的那一刻，除了这本书的编辑符红霞女士，没有任何人知道我们将做什么，我们没有告诉任何人，包括自己的家人。我仅向同事透露，我会去滇藏一带休假，时间大约 20 天。我们刻意不公开，是因为我们不知道这趟行程是否能够如期实现。

其实，我们曾与北京的几个喜爱户外运动的朋友相约，起初他们都爽快地答应，可是随着出发时间的临近，一个个又以各种理由退出，最终将决心坚持到底的只有我与先生两人。

10 月初，滇藏交界处竟飘起大雪，藏东的林芝地区已经积雪成灾。当地人都知道，一年四季适宜转山的时间很短，春天寒冷而且风大，夏天怒江干热河谷酷热难当，8 月、9 月是雨季，11 月便是寒潮大雪来袭。藏族同胞通常选择 10 月秋收完成后即上路转山。而眼前这场提前飘起的大雪，令我们的心即刻悬吊：老天爷，还走得成吗？

我们是横下一条心一定要走的。梅里雪山转山有两条路线，一曰内转，这条线路较短，只是绕着梅里雪山转小半圈，时间为 4 天到 6 天；再则就是外转，将梅里雪山完全转上一圈。我们觉得内转对我们的意义不大，我们是一心要走外转路线的。

“实在不行，我们就内转吧。”我与先生怕对方承受不了，彼此对对方说。但是，那是怎样的不甘哪，准备整整一年了。

我们已经好几次在香山连续上下 5 个小时，中间只短暂休息 20 分钟，以此来检验自己的体力；进入 8 月，我几乎每天都在住宅附近的河边快走或慢跑 2 小时，同时在睡前一小时特别加餐，补充肉食的摄入量；我希望增加 5 公斤体重以供路上消耗，这个效果也很快达到。可喜的是，一直困扰我们的腿脚疼痛在行前的两个来月居然不疼了。一切迹象表明，我们完全准备好了。

老熊来电话，说雪已经停了，你们飞过来吧。老熊是国家干部，终日忙碌，虽内心笃信佛教，却从不曾将转山的心愿付诸实现。这次有我们的激励，虽几经踌躇，老熊最终以抱病之躯（他患有糖尿病，而且血糖较高）毅然启程。

上　路

“乔阳，我们要去了！”电话里，我们告诉乔阳。“真的？太好了！”乔阳的喜悦溢于言表。虽然只是一面之交，虽然已经时隔一年，但我们和乔阳自觉在人群中彼此气场相近，已经把对方视为朋友，因为认同而结缘。乔阳的高兴，还因为我们说话算话，因为有太多人在看到梅里雪山，知道转山路线之后，都曾信誓旦旦许愿要来梅里转山，但结果都不了了之，而我们的职业特性更使乔阳对我们的许愿不抱希望。当我们果真将许愿付诸行动的时候，当乔阳了解我们为此做出种种努力的时候，乔阳不仅高兴，甚至还有些许的动情。这个善感的女子再次用她的热情与豁达给我们以激励：“没问题的，放心吧！”

也许是老天明晰了我们的心愿，也许是老天感念于我们的诚心，老熊在中甸机场接到我们的时候，已经抱定了外转的决心。因为从我们到达中甸的前 2 天开始，梅里雪山地区已经十分可爱地晴朗起来。

果真确定要走，注定要走向未知的时候，兴奋之余，我们的心情不由自主开始紧张，那是一种日常注意力下意识受其影响和牵扯的紧张，一些问题连续好几天始终在脑海盘桓：路上会碰到什么？

扎玉曲河边500米塌方区现在还塌方吗？路上各种通信断绝，生病高烧肺水肿了怎么办？大雪封山了怎么办？最后无论如何走不动了怎么办？……无论是网上，还是飞来寺咖啡馆乔阳提供的信息都是一年以前的，也就是说，我们对2009年的外转情况一无所知。我们千真万确紧张，我们不可能不紧张，因为我们没有任何野外生存经历，何况还是高原野外生存。

老熊说，特别查过藏历了，10月18日是藏历九月初一，初一与十五在藏历都是非常吉祥的日子，我们就在18号出发吧。

18号，一个一旦出发便不能再回头的日子。

17号下午，尽管我们还状态轻松地在中甸古城随意游览，一些照片也记录了当时的自在与愉悦，但对未来行程的担忧始终萦绕在心头，那种担忧和恐惧一刻也没有因为我们的故作轻松而消失。

当晚临睡前，我居然出现了从未有过的胸口抽搐性疼痛，伴随呼吸困难。当时我和先生分别躺在床上看电视，所谓看电视也仅是毫无目的的举动，更接近下意识的行为，眼睛虽盯着电视荧屏，心里却分明被即将到来的未知所牵系和压迫。我和先生都不刻意跟对方交流什么，因为彼此都十分清楚对方所想，交流只会给对方徒增更大的压力。那时，我仿佛更加深切理解了所有朋友的退出，如果没有特别的祈愿作为充分的心理依据，仅仅为了满足徒步的爱好，放弃是极其自然的决定，人们没有理由为爱好承担如此之高的风险，更没有必要为爱好付出这般难以想象的辛劳。我胸口的抽搐性疼痛就发生在这联想的不着边际和恐惧的层层压迫之中，这个症状使我的先生惶惑而紧张：你会是心脏有问题吗？你行吗？

我曾经三次进藏均安然无恙，其中 1998 年是在 1 月份，当地接待干部说，在他们的记忆里，没有哪位女记者在 1 月份进藏采访，我是第一个。他们告诉我，西藏 1 月份的空气含氧量只有平时的 50%，他们对我那时进藏表示钦佩。拉萨海拔 3700 多米，比香格里拉高出 400 多米，那时我也仅是轻微头痛，从未有过心脏疾患，这次为何如此异乎寻常？

人的身体是一个非常精密和有趣的整体，在中医的理论当中整体论尤为鲜明，当任何一种病兆作为“果”出现的时候，中医告诉病人的都是因为有了某“因”，所以才有这样的因之后果，中医正是因为寻找和治疗那个极易被人忽略的“因”而神乎其神。胸口疼痛是我的“果”，那么“因”是什么？我从未有过心脏疼痛的前科，哪怕仅仅是短暂的功能性疼痛，难道是我的潜意识希望我放弃这趟行程吗？心脏疼痛应该是近期内心过于焦虑的结果，是本能的自我保护，它在提醒我，临近出发，一日重过一日的紧张和恐惧，已经积攒成严重的生理反应，如果不能有效地缓解，上路便是极端的贸然行为。

伴随这种疼痛，我确乎怀疑起自己：我真的能行吗？这的确是一个正确的决定吗？那时我在心里陡然涌起一股悲壮的情绪，仿佛为了某种信仰而不得不决然前行。但是，那种悲怆、犹豫，甚至动摇仅仅只是短暂的片刻，一转念我便想到，这次行走对我们的人生有着特殊的意义，我们有意在日趋保守的中年为自己设定一个目标，

为了检验自己是否能够完成，我们为此已经等待了一整年，怎么可能临阵放弃呢？冷静下来我在心里对自己说，我的症状不会是高原反应，我曾经三次进藏均安然无恙，现在仅仅是因为过于害怕，身体出现应激保护，只要能放松下来，解除心理负担，不会有任何问题。

先生也安慰我：明天上路前我再去买点葡萄糖，万一路上心脏出问题，葡萄糖能救命。这是我们在转山攻略上看来的，原以为没用，没想到还是用上了。

乔阳帮我们和老熊联系了向导。因为担心我们体力不支，乔阳建议我们多带两匹马，万一走不动可以让马把我们驮出来。听到这个建议，我们五味俱全：乔阳啊，你在向我们描述你的转山经历的时候不是曾经对你的同伴说，谁也不许骑马，必须自己走到底！你忘了吗？我们也是不会骑马的，只要有一丝可能，我们就会走到底。

走到底是我们的心愿，否则怎能劳其筋骨，但能不能走到底却是未知，这有待时间去验证。对于乔阳多带两匹马的建议我们没有反对，必须有备无患，不能意气用事。最后，五匹骡马，三位向导，一行六人，组成了我们的出发队伍。因为山势险峻路途遥远，我们的行李装备必须由骡马来驮运，三位向导在带路的同时，路上的一日三餐也由他们制作打理。向导是一家人，领头的是一位二十一岁的小伙子，名叫扎西，另外便是他四十岁的母亲和三十七八岁的表叔。一家人就住在梅里雪山脚下澜沧江边一个叫永芝的村子，他们村恰好就是梅里外转线的起点。扎西一家人已经多次协助行走者转山，对路况非常熟悉，也有过生死历险的经历，有他们的一路导向，应该没有问题。

18号上午9点，我们出发了，奔向曲登格白塔寺，在那里烧香磕头。乔阳说，转山的人都是从这里磕完头就上路的，从宗教意义上说，这里就是转山的开端，你们已经开始转山之旅了。听她这样说，平生第一次我完整地将额头和身子匍匐在地上，向菩萨磕头，然后站起，接着伏下，再站起，再伏下，往复三次。磕头有种庄严的仪式感，在额头触地的那一瞬间，我的眼里涌上了泪水，我没有向菩萨说什么，也没有让泪水流下来，我只是静静地磕头，再按照藏族同胞的习俗，把采来的松枝扔进香炉。一套仪式完成后，我们便奔永芝村去了。

第一道险隘：翻越多克拉垭口

外转线上有九座垭口，仿佛为了检验转山人的意志和诚心，它将全程最艰险、攀爬难度最大的一座垭口安排在起始的位置，那便是多克拉垭口。多克拉海拔 4479 米，位于梅里雪山的南端，转山者从永芝村出发连续步行 7 小时左右，便到达它的脚下。

翻越多克拉垭口一般是在出发的第 2 天，最好一早翻过去，因为山势险要，天气变幻莫测，中午以后常有雨雪，一旦被困在山上，后果难以料想，对藏区以外的远道者凶险异常。

多克拉半山腰以上的坡面接近 70°，坡面没有任何植被，布满了碎石，当地人也叫它石梯山。石梯山上并没有梯，除了转山者常年踏出的路面印痕，坡面上根本没有路，双脚落在坡面上完全呈斜踏状。为了保持身体的平衡，转山者的身体需尽可能向山体倾斜，否则就有滚落的危险。

在翻越多克拉垭口之前，我们只知道它的高度，却不知它竟如此艰险。

据资料记载，永芝村是所谓“三聚宝地”，因为这里是三条河水的汇聚之地，三座高山的相会之地，三重天空的笼罩之地，这里地肥水美，而且传统民族民间文化和自然生态保持得十分完好。永芝村四处都是参天古树，村子里建房似乎都是绕着古树而建的，给人的印象，要找到住户人家，必须拨开古树的掩映，那份古朴与清凉是一进村就立刻感受得到的。永芝村的海拔只有2200米，因而从永芝村到多克拉山脚需一路上行。19号上午9点，我们一队人马从永芝村出发，出发前只集体照了一张合影，尽量做出豪迈的样子。

我们踏出的第一步，便开始翻越山坡。对于平原人而言，出门就上行，多少有些始料未及，其实这是平原人对山区缺乏了解。在藏区，但凡两山之间有一点平坦的地方，一定建了房；无论是拉萨还是日喀则，它们的所在无非就是两山之间留出的空隙大了一些，可以多建点房，于是就有了城市。尤其在空中看藏区，人烟其实就落脚在一个个山缝里，山接山，缝隔缝，人们若想与外界打交道，必须在层峦叠嶂间穿行。出门便爬山再自然不过。

这是一个我早已熟知的地理形态，但实实在在落在自己抬脚的每一步上，还是瞬间增加了许多的心理压力，行走之间我们的表情都有些凝重，若是在平地步行了半里再上行，对心理也会形成些许缓冲，但是没有。渐渐地，我们的呼吸都有些深重，彼此间的话也跟着少了。

过山包出永芝村，有一条清冽的河流，问扎西，扎西说那是永芝河，后来查书，发现也叫曲格河，是流经永芝村的三条河流之一，发源于梅里雪山十三峰之一的神女峰，这一路我们都将伴着曲格河走，一直走到多克拉。河水的水量很大，跳跃奔涌，在原始森林里发出巨大的声响。有河水相伴，感觉上便好了许多。原始森林没有现代意义上的路，所谓路都是人们几百年来转山留下的足印。路面上布满大小不等的乱石，有时行者就在乱石间绕来绕去，颇费体力。在原始森林里行走有另一处好，就是多数时间晒不到太阳，这点令我格外惬意。因为职业关系，我为防晒做足了准备，那会儿我索性把帽子眼镜儿都收起来，让自己清清爽爽地走，心想，若一路就是这样走下去，倒也不算什么，断然是累不到我，更是吓不到我的。

扎西会用他有限的汉语告诉我们沿途的一些故事。不知是没有听懂，还是累了无暇细听，扎西讲的内容我多数没有记住，多数都是回家以后重新翻书再细确认的。有一点记得很清晰，扎西说，因为没有路，所以转山特别容易迷路，去年有一个外国人，离开队伍在前面走，然后就走丢了，怎么也找不到。我问：最终也没找到吗？扎西说：是的，没找到。

在这样的原始森林区，村子与村子之间相距遥远，村民多从事农牧业，他们会走出村子很远放牧，有些高山牧场离牧民居住的村子相隔 2、3 天的路程，原始森林里一些看似像路的路，其实是放牧的牧民踩出来的。如果外来远足者不了解情况，是极易看错路的，那位走丢的外国人就是如此。

因而在转山的路上，我们看到的都是三五成群的人们，单行者几乎没有。除了我们一行六人，第一个见到的是来自青海玉树藏族自治州的藏族同胞，他们有十多人，男女老幼都有，正在一个取水点旁休息做饭。我和先生是路上仅有的汉人，又身穿冲锋衣等户外装备，在一群藏族同胞中格外显眼。“扎西德勒！”我们这样同他们打招呼。他们无一例外都以笑容和祝福语回复，神态十分友好。原以为在转山的路上碰不到太多人（事实上也有 2、3 天见不到其他一人的时候），头 1 天一下子碰到这么多人，而且来自那么远的地方，我似乎有很多的问题想问他们。经过他们的允许，我在他们身边坐下，可一个发问过去我就颇为挫败：他们无一人懂汉语。

完全没有办法交流，只能离他们而去。类似情况路上还碰到过多次，哪怕是很年轻的藏族同胞，只要没读过书，便完全不懂汉语。我为此深感沮丧，我希望一路上多看多了解的心愿基本付诸东流。这才想起一些有心的外国旅人进藏，会先集中一段时间学习简单藏语，哪怕是简单交流，也比没有交流要好。

扎西告诉我们，永芝村是转山的起点，见到的人会多一点，但翻过多克拉，人就渐渐少了。因为多克拉垭口会将人群拉开，体力好的，会在当天到达多克拉山脚下，次日清早翻过去；体力差点的，当天不一定能走到山脚，翻山就只能在次日下午。“那我们呢？”我问扎西。扎西说，我们今天走不到山脚下，第 1 天，慢慢走吧，先适应一下，别走坏了，后面的路还长啊。

从永芝到多克拉有三个宿营点，我们选择第二个宿营点宿营，营地叫永希塘。这里原是一个牧场，有大片的空地，曲格河水浅浅地从这里流过，氛围平静安详，一看时间是下午的 4 点，还好，不早不晚。除去中午的午餐时间，第 1 天我们走了 5 个半小时。5 个半小时不算多，但因为是上行，仍然觉得有些累。这个累与香山 5

小时完全不同，相比之下这个累是我们过去不曾体验过的，所以见到营地我们都感到一阵轻松：终于不走了，可以休息了。好哇。

因为对野外宿营没有经验，帐篷位置的选择等我们都听扎西的安排。扎西与他的妈妈和叔叔有明确的分工：扎西先替客人扎帐篷，妈妈做饭，叔叔负责骡马，扎完帐篷扎西再同妈妈一起做饭。总之，扎西是一刻不停都在忙着的。

帐篷扎好后，我和先生忙着把睡袋等展开，走了1天，挎在骡马身上的行李全落满了尘土。我简单地将尘土掸了掸，我知道这一切都没什么意义，脏是自然的，以后只会更脏，但我只是习惯性地做着这些动作：脏了就掸掸吧。

没想到扎西妈妈用高压锅焖了米饭，扎西炒了两个蔬菜，土豆、洋葱等，再加上“老干妈”调味儿，一顿饭的安排远超出我们的想象。野外有的是散落的树枝，三块石头一架就是火塘，只要时间允许，只要自己愿意操持，做饭、炒菜、烧水等都可以在营地进行。

然后大家席地而坐，碗碟等都摆在地上。热饭装在碗里，没有筷子，扎西顺手在地上捡了两根细树枝递给我，我顺势接过来，直接插在饭碗里，开吃。其他人都是如此。藏族同胞出门从不额外带筷子，满山遍野都是。虽说这一切事先不知，但也无须多问，入乡随俗是自然的选择。

我们的原则就是尽可能让扎西一家省事，少替我们操心，我们怎么都行。

另一个细节也关乎入乡随俗，或者更准确地说，关乎我们与扎西一家的相处：睡前是否刷牙洗脸呢？如果我们对卫生等细节过于在意，扎西一家会不会因此犯难，觉得北京的客人格外让他们累心？

饭后我们一直围着篝火取暖，永希塘海拔 3300 米，原始森林夜晚温度很低，而且风力较大，若在平时，在这样的大风和低温中，我们是一刻也不会在户外停留的。扎西妈妈烧热水让我烫了脚，老熊拿出路上准备喝的白酒倒在我腿上让我使劲儿揉，他们希望以此恢复我的脚力，免得明天早起因为腿疼而迈不开双腿。先生长得魁伟，我有些单薄秀气，他们是确乎为我担心的。

闲聊已经多时，野外不可久留，再说也有些累了，大约晚 8 点，老熊提议大家都早点睡。虽说河水就在身边，但因为天黑，取水还是有些不便。见他们几个都没有洗脸刷牙的意思，我和先生互相间也没说什么，便十分默契地径直朝帐篷走去。能烫脚已经十分奢侈，其他就免了吧。

对于长年在野外生活工作的人，不洗脸刷牙是常有的事，完全不足挂齿。但对我这样每天把洗脸当仪式的人来说（卸电视妆需十分仔细，每一步都省不得，否则三十年下来，脸上的皮肤早已不堪入目），晚上洗脸是每天必需的生理程序，从我记事起，任何情况下我都没省过这道程序，可那天在永希塘，省了也就省了，极其自然。连我自己都没有想到，我是如此地能适应环境。

转山回京后人们问我最多的问题是一路上洗澡吗？我说连脸都不洗。其实在我动身前，我操心最多的恰好就是女人在野外如何解

这就是永芝村得以命名的永芝河。永芝河发源于梅里雪山的南侧余脉，由西向东流淌，直到汇入云南境内南北流向的澜沧江。永芝村地处永芝河的下游末端，几乎快到汇入澜沧江的河口附近。

决卫生问题。到了实地才明白，很好解决：不存在卫生问题，卫生压根儿就不是野外该考虑的问题。

当然，我还是用湿纸巾擦了把脸，尘土和汗裹在脸上实在不舒服，然后就睡了。

高原的风扑打着帐篷，深夜的温度更低。树林子里传来动物凄厉的叫声，一夜不断。我们不知是何种动物，仿佛有些害怕，又觉得不该怕什么，老熊和扎西他们都没在意，估计不会有太大的问题。

原以为头一次睡在野外，而且是史无前例地早睡，我会很难入睡，不承想，先生说我很快就睡着了，尽管断断续续，但毕竟是睡着了，这对我而言是个了不起的胜利。

能睡，能吃，不怕冷热，不怕脏，不怕累，对一个远足者，还会有什么问题呢？危险呢？怕还是不怕？

多克拉垭口在等待着我们。

从永希塘到多克拉，网上攻略上标明需要行走 2 个小时，扎西的说法是差不多 1 个多小时。而扎西的这个“差不多”一直到行走后期我才真正明白：扎西的差不多其实就是差很多。将近 4 小时，我们才从永希塘走到多克拉山脚下，是我们走得格外慢吗？大约如此。我们肯定比藏族同胞慢，他们脚力太强，而且我们还在沿途拍照，时间随意一抻就拉得很长。扎西凭他的脚力，是估计不到我们的行走时间的。

一眼看见多克拉的时候，觉得它像一堵褐红色的墙，光秃秃的，几近笔直地矗立在那。“墙面”上有一个大大的“之”字，在山底下看着，以为那便是路，心想，山坡陡成这样（将近 70°），走“之”字当然是最恰当的选择。

中午 1 点，我们在大风中烧水煮了方便面，午饭吃得有些狼狈，因为地势较高，大风吹得我们瑟瑟发抖。先生开始吸氧，他让我接着把那小罐氧吸完。1 点半，我们在 4000 米的位置开始向垭口攀登。

天色越来越阴，忽然有雪花飘下来，看似是给沿途铺展的一丝浪漫，起先不以为意。紧接着一会儿，雪花有些密了，我们连忙拉紧防风帽。前面的藏族同胞有人在半山腰上唱歌给自己鼓劲儿，一个六岁的女孩在随着她的姥姥奋力向上走，我忽然觉得自己应该打起精神。扎西也提示我们，要走快点，雪下大了就麻烦了。

雪，果真下大了，随着风声飞转，浓重的雾气像一张网在四周弥漫开来。走到半山腰，才发现那个“之”字根本不是路，只是人们踩出的印痕而已，由于是斜度极大的碎石坡面，双脚落上去十分不稳，必须一步踏稳确信不疑后，才敢将另一步踏上去。

大雪纷飞，絮状的雪片很快将多克拉染白，风声越来越紧，仿佛从天边层层滚来的雾障把我们厚厚包裹起来，使我们完全看不清四周，只觉得瞬息间人都不见了，消失了，高高的山上只有我们，我们被孤独地扔在了云端里。天哪！从来没有站到过这样的高处，像是悬挂在半空中，眼前是一片白雾，刚才的世界在哪里啊 ?!

前所未有的恐惧突然袭来。“天哪！怎么会这样！”

风大雪急坡面陡，加上高海拔上行，每走 20 步左右，我就气

喘不已，需停下来调整呼吸。“阿姨，抓紧我！”扎西的声音有些急迫。“丫头，别往下看！”先生的声音更是焦虑。“你在哪儿？”我冲先生喊。“在你身后——”

我哪还敢往下看！下面什么也看不见，我就只身踩在云端！“我们是不是在干一件极愚蠢的事？如果事先知道会有这样一段危险的路，我们会不会再来？”恐惧之中类似问题顷刻间抑制不住地涌进脑海。

“阿姨，要快点，下坡的路更陡，有120道弯，雪大了麻烦。”扎西忍不住提醒我。

“什么？下坡更陡？”我瞬间几乎绝望。

害怕，恐惧，恐惧得要死！万一双腿发软一步踏空了怎么办？万一雪更大了最终下不去怎么办？忍不住地胡思乱想。

“什么也不要想啊，稳稳地走，好好走，你会没事的，老天爷会眷顾你的。”我在心里不住地提醒自己，给自己打气。

“丫头，快点走，尽可能别停！”先生知道不能催我，可他还是忍不住。在与他有限的对视中，我看到了同样的恐惧，他也紧张啊，他的紧张多数因为我，他把握得了他自己，可他实在不知我会怎样！“扎西，一切都指望扎西了。”他一定是这样想的。

这个险段的直线距离达到450米，终于啊，在2小时后，在扎西的搀扶下，在惊魂不定的迈步中，我抬眼看见了风雪中的垭口！

垭口就是个极普通的口子，但上面经幡林立，风雪鼓起经幡发出噼噼啪啪的响声，犹如旌旗猎猎。穿越垭口的藏族同胞继续将手中的经幡往幡柱上加挂，为他们的亲人祈福。忽然，天空中有彩纸飘落下来，“看，彩纸片，不管谁扔下来的，都是吉利啊！”先生在说话。不知是因为先生的话，还是因为远未解除的恐惧，看见在空中飞舞的彩纸，我忽然热泪盈眶。

不敢停留，不敢多想，必须赶在大雪封路之前尽快下撤。我们没有挂带来的经幡，也没有任何拍照留影，风雪之中我们不敢岿然不动，我们不顾一切地往下走去。

下山的路果真更陡，也是根本没有路，只有几百年来被人踩出的脚印。

那个坡度和无遮无拦的坡面，最适合速降运动员向下滑行，当然那是最浪漫的想象，也是最不着边际的想象……

陡，雪，无路，让我再次在瞬间后悔自己当初的选择，万一……

没有万一，必须下去，必须尽快地下去，没有什么好想的啊！

扎西在前面扶着我一步步下行，他成了我登山杖之外的另一个平衡支点，这好了许多。先生怎么办？谁来扶他？“丫头，你没事儿我就没事儿！”先生怕我分心，一个劲儿地要我管好自己。扎西妈妈和叔叔是这条路上的常客，他们已随着骡马下山了，年轻的男性藏族同胞也在利索地往下走；老熊虽是第一次转山，但他长年在野外从事林业花卉生意，登山走路更是家常便饭，再则，他是藏族，是本地人，无论如何也比我们富有经验。只有我和先生，危险和害怕都在我们两人身上，因为我们面对的是平生从未经历的未知。

有藏族小伙儿把手伸给了先生，搀扶之下先生试着走了几步，发现极窄的落脚处两个大个子男人更难保持平衡，先生谢过他，坚持自己走。我一看有些急：为什么要拒绝呢？扶着不是更稳当吗？先生顾不得跟我解释，只说：你没事儿我就没事儿！管好你自己！

先生看见四五个藏族小伙儿架着一位藏族妇女下山。那女人一看便是城里人，一看便知她也从不曾走过这样的路，她几乎双脚离地，身体软软地被小伙子们架着往下走。先生把这个场景告诉我，不知为何我似乎瞬间来了勇气：不是我不行，害怕是正常的，没走过的都害怕，我只需要继续走就没问题！

渐渐地，雾气在散，雪也似乎在小，当我们战战兢兢下到半山腰，几乎就在不经意间，雪忽然停了，太阳旋即出来了。

光芒万丈温暖无比的太阳啊！

我们笑了，彼此欢呼！又冲着已走到山脚的老熊打招呼，老熊也笑了，朝我们挥了挥手。老熊一定也是担心的，担心我们，担心雪下大了可能导致的后果。这下好了，雪停了，最危险的路段走下来了，可以说再也没有危险了！

瞬息之间换了人间，我们的心也卸下了沉重的铅块般无比轻快，喜悦之情无以言表。老天，你确实在助我们啊！

前面写到，网上有行者说，因为大雪，他曾三次翻多克拉垭口失败，他因此三次没有走成转山之路。

解除了危险，接下来的路就是传说中的 120 道下行弯道，对膝关节的承受力考验甚大。因为没有了恐惧，疲劳和疼痛已变得无关紧要。虽然下冲的力量使脚趾尖异常难受，但我们基本上是一路说笑着走完剩下的路程。到达营地时已经是晚上 7 点，天色全黑，扎西妈妈和叔叔看见我们显得异常欢喜，老熊还特意走出营地数百米迎接我们。

终于过来了，终于完成了，那是怎样的一种解脱。一屁股坐到潮湿水浸的地上，尽管阴冷，却再也不想起来。

从出发到宿营，上山下山，海拔从 3300 米上到 4400 米，再下到 3200 米，我们竟然走了整整 10 个小时。

与辛苦和劳累相比，多克拉垭口的历险更加刻骨铭心，那是迄今我和先生最危险的一次经历。那不由自主的恐惧，是源于对生命的无法掌控，当人无法左右自己命运的时候，恐惧就降临了，而且挥之不去。

读到上面的文字，相信读者仍能感受我至今的心有余悸。一切都是经历造成的。同样的情形若有第二次，我可能会坦然许多，若有第三次或者更多次，我可能就会不以为意。人大约就是这样，在面对未知的时候恐惧成了本能，而能否克服恐惧，除了先天的性格因素，类似经历提供的经验支撑可能就是克服恐惧最好的良方。

五天后，见到了第一个村子

10 月 22 日晚，我们宿在海拔 2400 米的曲南通，营地在一个台地上。我的日记记载：头一次，我们的营地离水源较远，营地在一个较高的台地上，只有纵身走下台地，才能取到需要的水。吃用水都极不方便。

我在句子里用到了“纵身”一词，“纵身走下”似是不通，通常都是纵身与“一跃”“一跨”等组合成意，想必当时只求个大致的记载，没有细琢，但那“纵身”的使用确是当时取水困难的真实写照。

既是台地，当然在高处，台地高立在河流的边上。台地与河流几乎成垂直，土质的侧面台体上有若干先人取水踏出的脚窝。要想用水，需顺着时常松动的“脚窝”垂直下行，有些脚窝间隔较远，再行，便只能纵身一试。我还是纵身下去了，趁着天没黑，洗掉自己脸上过多的尘土。扎西负责做饭的取水，我对他说，晚餐只管简单，用水尽可能少点，太困难了。扎西嘿嘿，似乎并不在意。我不明白扎西是如何将一桶水从那样的崖边取上来，我们上来必须四肢并用。

扎西告诉我们，明天会走到一个村子，可以睡到屋子里了。“真的吗？”我们很是期待。因为一路上都是在荒郊野外，人烟稀少，无论怎样选择宿营地，野外毕竟是野外，晚上睡得总不太舒服。比如今晚，因为实在找不到一块平整平衡的地方，我们的帐篷只好搭在一头高一头低的地方，我和先生还仔细商量，究竟是头睡高处，还是脚放高处。原想将脚放在高处未尝不可，走了好几天的双腿已有些微肿，在高处控一夜或许还有利于消肿，后想不可，到时腿肿倒是消了，头肿了怎么办？再说一夜头朝下终究不行，这个年纪脑溢血了也未可知。还是头朝上吧。结果，一夜都在同自己的身体较劲，睡着睡着身体便向下滑行，隔一阵就须用双脚将身体蹬回原处，一夜不得安宁。

次日到达的那个村子叫阿炳村，隶属西藏自治区林芝市察隅县察瓦隆乡。从我们宿营的台地到阿炳村需翻过一座 3800 米的垭口，垭口本身虽不太高，但我们宿营台地的海拔只有 2400 米，垂直落差已经达到 1400 米。一路的蜿蜒都是持续上行，而阿炳村又只有 2200 米，又是持续地下行，垂直落差当然更大。

虽然几天来走过的路，无非都是上山再下山，下山再上山，但去阿炳村的这一路，是目前为止 1 天当中上下垂直落差最大的 1 天，想必也是极辛苦的一天。

抬头看出门的路，山就笔直地横在眼前，扎西说，我们要翻的不是能看到的这一座，而是山后的另外一座，那一座现在看不见，走走才知道的。

扎西尽量用平淡的语气，或许在他眼里原本也算不得什么，但是对我们而言，我们会不由自主地想，那座看不见的山外山何时才能来到眼前，又何时才能翻过它去呢？

我的日记里有这样的句子：我知道我们要翻过那个高度，但是我不相信我们能翻过那个高度。

日记里写道：因为路远，今天是出发最早的一天。沿途一路上行，上行于连绵不断的“之”字形路面。道路上块石遍地，许多坡度几近垂直，多数情况下爬不足百米便需停下来喘气，喘得十分吃力。后来干脆给自己数步，走不过百步不许停下来，虽然百步少于百米，但持续体力消耗下的上行，坚持百步已经相当不易。

我至今记得那天行走的心理状态，那天不似翻越多克拉，多克拉的危险使人处在了一种特殊状态，疲劳已经微不足道，或者说疲劳已经不是最主要的问题，问题是如何避开危险，让自己安然下山。如果说恐惧主导了翻越多克拉的所有情感，那么绵绵无绝期的绝望感是那天行走攀爬的真实心理。

我曾回首看向身后，出发的营地已远远甩在几重山外，再往后看，竟都是这几天自己走过的路。那第一次的回望，让我颇为震惊：我就是这样一路走过来的吗？如此清晰？如此漫长？

那种漫长感是可以将出发地忘却的，你真的可以忘却你究竟在哪里出发，因为山重水复之间，你的视线已经望不到尽头。我至今记得，当回头看的感慨还未消失，前面的绵绵无绝已经将自己推向无奈，无奈绝望之下我只有好生安慰自己，等待下一次回望吧，那一定是站在了更高的高处。

很不好意思，日记里有我骂粗话的记载：娘的，妈的，没完了！

日记里写道：那是怎样的连绵不断，你在爬完一连串的“之”字形坡段之后，你的心里已十分渴望走上一段平地，哪怕就是小小的一段，但是不是，还是陡坡，一个接一个，仿佛老天在有意捉弄你，考验你的意志。我忍不住烦躁起来，说粗话了，骂人了。

我不知道扎西是否听到我说粗话，扎西只知道阿姨是北京来的，以扎西的单纯，北京的阿姨说粗话他是难以接受的，但愿他没听到吧。终归，说完粗话宣泄一通，路还得照走；终归，我还是个理性的人，那样的心态下，我会下意识寻找一种参照，让自己的情绪获得调整。比如，藏族同胞是如何走过这一路的？

沿途见到的藏族同胞，行李虽然简单，但都背负在自己身上，一些年长者，身体几乎弯曲，使背负显得格外沉重。看见他们，你会情不自禁地想：他们何苦？他们何以年复一年地走在这样的路上？沿途碰到一位三十一岁的妇女，已经19次转山，留着深刻风霜的脸上依然挂着无怨无悔的神情；还曾经见到过一对外国男女，他们一人背着一个最大容量的登山包，爬行在完全垂直的路面，汗水将全身湿透，喘息深重，依然顽强地走着……我们的大件行李都交付于骡马，两手空空，已是最轻松的了。

那对外国男女不由得让人心生敬意。我们是在一个3300米的垭口碰到他们的，他们与我们正好逆向而行。从他们行走的方向，知道他们并不在乎转山需按逆时针方向行走，方向虽有不同，但与我们行走的道路却完全一致，因为转山的路只有一条，从哪头进出都必走此道。我们和这两个外国人都是路上的少数民族，外国人见到我们的时候非常高兴，像是见到自己人一样。想必他们同我们一样，一路上也只见到过当地人，大约也是无法沟通，见到两个全副武装的“驴友”，见到同类的亲切感，使他们迫不及待地同我们招呼起来。

可惜，或者说十分遗憾，我们英语不好，无法更多地沟通。我们听懂他们来自德国，此行与香格里拉的植物物种考察有关。后来发现彼此佩戴的手表一模一样，我们脚上穿的正好也是一双德国户外鞋，就这些了，彼此的高兴与兴奋很快被失望与遗憾所代替。

他们每人都背了一个超大的登山包，登山包背在身上比头部高出近半米，那是他们一路上全部的家当。若不是眼见为实，我几乎不相信在这样的路上，居然还有人能背着如此沉重的行李走完全程，我甚至觉得大约连藏族同胞也是不能的。

那女人大约三十岁，被背包压得气喘吁吁，满脸通红。我们都穿着抓绒等内外几件衣服，她仅穿了一件短袖 T 恤，却仍然汗流浃背。难道他们还要背着这样沉重的玩意儿翻越多克拉山吗？我不由得想。淡淡地笑过之后，我们彼此告别，似有所不甘，却也只能告别。我很想告诉他们将要下去的这条路非常陡，他们务必小心，但是我不知道英语的“陡”该如何表达，只好不说，担心地看着他们离去。

这才是真正的“驴友”，“驴”得让别人自惭形秽。有人说，转山路上走到最后是连一片纸都觉得沉重的。我曾经在网上看到一位驴友骑自行车游西藏阿里，他一路上将不再用的物品，哪怕一双袜子，都从邮局寄走，为的是最大限度减轻随身重量。这两个德国人又如何能够背负如此硕大的行李走完如此的里程呢？我们不能不为他们深捏一把汗，而且他们还是独自行走，语言不通且没有向导的指引。如此看来，人的潜力远超出自己的想象，如果人愿意展开自己的想象，那么这世上人所能做的事情远比自己能做的多得多，这个结论对任何人都是如此。当然，这也是老调重弹，没有任何的新意。

我们希望扎西能够告诉我们，这一路的艰难何时可以结束，但在扎西的嘴里，我们得不到任何里程的概念，他能告诉你的就是：差不多……而按照他所说的“差不多”一路坚持，却发现那个所谓的“差不多”还远远没有到来。后来我们才知，在藏区问路，千万不要问藏族同胞此地到彼地还有多少公里，他们只会凭他们的脚力告诉你还要走多长时间，而他们的脚力是你永远无法企及的，所以，你永远也无法知道此地到彼地究竟是多远，只有等走到了你的身体能够告诉你。这点知识，或者说这点经验，也是在上路之后通过与扎西的反复“较量”后我才得出的结论，而且千真万确，后来者一定要深信不疑。

人会陷入这样的心境，当你不知道目的地，对自己的行为失去判断的时候，你可能会焦躁不安，甚至如笼中困兽，那一路我便被深重的焦躁所笼罩。其实现在想来，那是一种最无谓的情绪，绵绵无绝期的情景之下，人最好什么也不多想，最好的状态便是接受现实，心平

气和地走下去。我们就是出来走路的，而世上的路本该如此。

回头看那一路上拍摄的几张有限的照片，无一例外都是自上而下的俯拍，完全垂直着，只有特意扬起脸，才能看到清晰的面孔，照片上的每张脸无一例外充满了疲惫。

下午 3 点 40 分，6 个半小时后，我们终于站到了辛康拉垭口！

“垭口啊，垭口！”我禁不住喊出声来！

“我们终于站到了垭口上，一个自己觉得不可能越过的高度。”日记里这样记载。

我记得我站在垭口上曾经豪情满怀。四周是望不到边际的苍茫群山，自己站在了它们的最高处，太阳透过云层如同平射过来，似乎能够触手可及。群峰就在自己脚下，渴望站在世界之巅的人们中，仿佛唯有我已经成就了现实。我不由得将那句全民烂熟于心的经典诗句脱口而出，“一览众山小”啊！其实，那是当时最确切的表达和写照，无须因为才竭辞穷而羞愧。再看垭口上的人们，大都是轻松愉悦的神情，久经攀爬后的解脱感与成就感清晰地映在了每一张脸上。

这是我们曾经唯一从容停留过的垭口，因为天色尚早，更因为天气祥和。享受了登顶的喜悦，人随即变得轻快起来，下山的路仿佛如履平地，径直下去就插到了半山坡。

在半山坡我们看到了阿炳村，一个完全的藏族村寨。

半空中看阿炳村，村子的房屋犹如一个个积木，规则而小巧。许多人家把屋顶漆成天蓝色，那是目前藏区十分流行的一种装饰。屋顶的露台上有多片金黄色，眼前正是玉米收获的季节，各家都在露台上晾晒玉米，连成了一片金灿灿的黄。金黄与天蓝被一湾浅淡的绿水环抱着，小村显得美丽、宁静而安详。这是行走 5 天来我们看到的第一个村庄，当时便想：天哪，重返人间!

我们湖南有句俗语：望见屋（湖南方言中，屋就是家），走得哭。当地方言说出来声调极为和谐押韵。虽说我们并没有走得哭，但那个近在眼前的阿炳村迟迟走不到却是铮铮事实。我们曾经一度怀疑走错了路，曾几次向扎西求证，扎西也被我们搅得糊涂，几经确认后告诉我们尽管放心地走下去，肯定没错。

晚上 7 点半，天色擦黑，我们走进了阿炳村。因为村子是转山路上的必经之地，又是第一个村庄，在我们寻找住家的一路上到处都看到转山借宿的藏族同胞。扎西把我们领进一户人家，说是每次他来都是住在这户人家。

进那户人家要翻过猪圈围栏并穿过猪圈，在猪圈里有一座小楼梯伸向二楼，二楼就是人家的堂屋和住房。我当时便奇怪，这家的大门在哪里，没有门吗?

这是翻过辛康拉垭口之后，从高处俯瞰我们行走5天之后即将进入的第一个村子——阿炳村。沿途所见的村子，除了最小的来得村之外，都和阿炳村一样，择澜沧江或怒江两岸一片相对平坦的土地而建。从我们拍照的山头望去，阿炳村前无法窥见的峡谷，就是怒江峡谷。

久违的电灯光线让我们觉得格外亲切。男主人站起来打了个招呼，淡淡的，没有更多的热情。火塘边的地上有一团软绵绵的东西，灯光昏暗，起先以为是小猫或小狗，细看才知是一个小小孩躺在了那里。孩子脸上黑乎乎的，小屁股全露在外面，没盖任何东西，蜷缩着，熟睡了。

容不得更多观察打量，赶紧在堂屋的椅子上坐下，直到坐下，我才意识到我的腿脚已疲劳至何种地步。双腿似乎不再属于自己，几乎动弹不得，一摸小腿，竟坚硬如石头，完全肿胀变形，大脚趾更是针扎一般地刺痛。我几次试着站起来，刚把上身稍微欠起，腿脚刚承受一点点重量，竟完全不自主地坐了下去。“到极限了吗？”我在心里问自己。

扎西和妈妈在忙着做晚饭。我这才知道转山人的规矩是到了人家家里自己做饭，临走按人头给几块柴火钱。我没有动，也没有说话，只是静静地坐着，不希望老熊和扎西一家看出我有什么不适。我请扎西给我烧了点热水，我必须把双脚好好泡一泡，我确信泡完之后我会没事。泡完脚，依旧坐在原地没动，心理上已经好了许多。我本想坚持着把身上尘土掸掸，但连续 5 天行走，加上今天 10 个半小时的上爬下行，虽说全身脏得自己都厌恶，但我确实是连站起来的力气都没有。

没有说话，只是坐着。男主人和一家人坐在我们前面看电视。阿炳村是座独立的村庄，与前后邻村都有数天的路程，村子用本村的小水电发电，电力有限，电压极其不稳，17 英寸的彩色电视屏幕仿佛缺电一般，亮度只有我平时感觉的一半。男主人吩咐家人把旁边一盏灯关了，屏幕即刻亮了一点。后来，但凡家人在另外一处用电，电视屏幕就暗淡一阵，关了灯，屏幕就亮起来。总之，都是不太亮的。看电视的人似乎并不在意，并不认为电视原本是应该再亮一点的，大家在屏幕前看得津津有味。画面上是一个在内地早已红过的电视剧，在这里被用藏语配上了音，看见自己往昔熟悉的形象说着一套完全听不懂的话语，感觉有些奇怪，仿佛剧里的人物全都变了身份，故事也全都变了情节，完全陌生了。我禁不住一笑，觉得好玩儿。

不说话，也不想看电视，只能睡觉。大约晚上 9 点，我们遵主人的安排，在隔壁的仓房搭起了帐篷。虽然已经进到村子，来到人家家里，为了方便，我们还是决定睡自己的帐篷，仿佛有帐篷罩住，多少还有些私密，否则仓房也是人家的过道，时有人来往，以我睡觉的毛病，断然是无法安睡的。

突然想到一个现实的问题：哪里是厕所？扎西说，没有独立的厕所，厕所就是进门的猪圈。

噢，这如何使得？

猪圈是露天的，对面人家投过来的灯光，加上碧空下皎洁的月亮，一切都看得真真切切。我总不能在人们的眼皮子底下方便吧，一时不知如何是好。

先生想了片刻，郑重对我说：你就当什么人也看不见，憋狠一点，速战速决。怎么样？我再替你挡着点儿？

我忽然怀念起树林子来，林子里是多么私密，多么方便，多么自由啊！

入乡随俗，随遇而安吧。在几头猪的围观注视下，我以最快的速度结束全过程，心想，再也不能有起夜的需求了，明天一定赶在众人醒来前解决问题，总之，没有最好。

老熊在我们旁边主人家的一张木床上摊开睡袋，第2天一早，老熊说，他床下的楼板有一个洞，与楼下的牲口棚通着，棚里持续蹿上来的味道让他“享受”了一夜，睡得不能算好。

我们还好，至少楼板没有与楼下通着。毕竟睡在室内，至少安全温暖，断断续续，也算睡了一个完整的觉。

第2天早起，我们站在二楼露台刷牙，刷牙水就直接吐在楼下的牲口棚里。在农牧为主的偏远藏区，人畜混居还是比较普遍的现象，村子里也是垃圾肆意堆积，臭水横流，卫生意识和卫生条件亟待改善。

白天才知道，我们借宿的这户人家是村里的村长，也是扎西家的远房亲戚。村长应该不到四十岁，能说点汉语，昨天缩在地上睡觉的是他最小的儿子。儿子白天见到我们既羞涩又兴奋，我猛然发现墙上有一张这孩子极漂亮的照片，照片只拍了孩子的一张脸，是个大特写，照片上的孩子五官标致极了：是个很帅很帅的小帅哥耶！村长笑了，告诉我们那是一个过路的法国人拍的，留给他们了。

听说我们想给孩子拍照片，村长把孩子拽到水缸边狠擦了把脸，黑黑的仿佛结了层壳儿的小脸蛋即刻干净了，漂亮的小模样露了出来。

孩子显然是有过很多拍照经验的，他可以明星一般将一种笑脸保持许久，任人拍摄。当然，也许是我多想了，也许那就是他惯常的笑脸，因为高兴，一直笑着而已。

村长还有个大儿子，在乡里读书，家里十二岁的女儿没有上学，帮着妈妈料理家务；比她再小一点的妹妹在村子里读小学，村长是按计划把自己的大闺女“牺牲”掉了的。“没办法，总要有人帮着干活。”村长解释说。

我发现大闺女的表情始终有些矜持，甚至是忧郁，她几乎没说过话，在镜头前也没有露出过笑容。我问她想不想读书，不知是没有听懂还是别的原因，她只是看着我，并不回答。不知为何，我总觉得她是愿意读书的，她不回答，是怕父母在外人面前尴尬伤心。

“小弟弟以后可要好好读书哟。”我对小儿子说。村长在一旁赶紧作答：“将来要送他到县里读书，他蛮聪明的。”可不是吗？仅看那双机灵的大眼睛，就知道孩子的天分是受到了老天的格外眷顾的。

村长说，今天他也会出门转山，到时也会住到扎西家里，转一圈再回到村里来。应我们的要求，村长领我们到村里转了转，他正好也要去同行的人家看看，看看他们的准备情况。村子里只有三十多户人家，彼此院墙挨得很近，房子半新的居多。扎西说，他这个村长亲戚挺能干的，上任后，村子里盖了许多新房。

阿炳村临近公路，人们可以外出打点工，村子里有一户人家因为做虫草生意发了家，房子盖得很气派，大门矗立，人畜已经决然

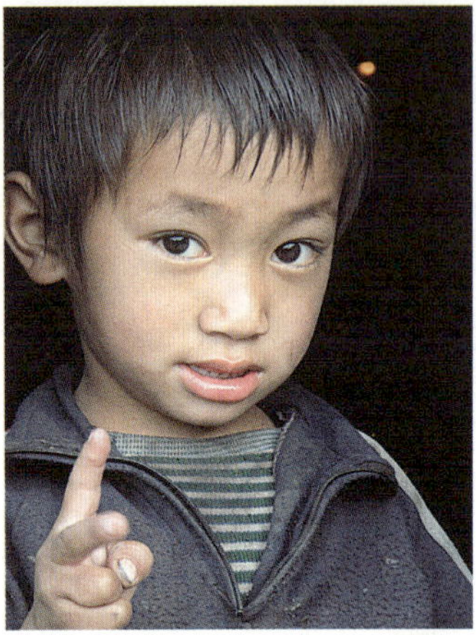

阿炳村是我们此行遇到的第一个村庄。从澜沧江边的永芝村出发，翻过梅里的余脉到达怒江江边，就是阿炳村了。由于梅里基本是云南和西藏的界山，阿炳村已经进入西藏，属林芝市察隅县察瓦隆乡。

分开，院子里收拾得干干净净，完全不似村里其他藏族同胞的生活水平。

上路了，村长与家人简单告别，虽然走的是同一条路，可村长很快就走在我们的前头，与我们打了声招呼，与同行的两个小伙子飞速朝前走了。

我发现村长除了一个军用挎包没有其他任何行李，两个小伙子也是各自只背了一个当地的小背篓，宽不过一尺，长也顶多一尺盈余，他们一路上究竟如何吃睡，我忘了问扎西，于是在心里就留了一个怎么也想不明白的谜。

睡了一夜，我的腿脚虽没有完全消肿，但已经没有大碍，接下来是 2 天的干热河谷行程。攻略上说，这一路较为平坦，再没有陡坡可爬，只有灼痛皮肤的干旱高温和大风飞扬的激烈尘土……

渴望已久的温泉

一路上，我一心想着那汪温泉。出发前就确知，在怒江干热河谷的某一处，有一座露天温泉，转山的人们走到此处，必定梳洗整理，因为风餐露宿通常已过第 6 天，那是第一个可以休整洗浴的地方。

走进怒江干热河谷，便同苍翠湿润的绿树森林告别。河谷在 7、8 两月温度常在 40℃以上，而且极度干旱，那时穿过河谷，会有上天无路、入地无门的非常感受，极其难耐。我们行走的 10 月已好了许多，但中午气温仍在 30℃以上。因为干旱，河谷的太阳晒在身上有种特别被晾烤的感觉，自己好比一块被熏制的腌肉，身上的油分水分随着时间的推移，正一点点地被风干烤干。

怒江河谷边已有一条土质公路，路面只是被大致平整过，依旧是松软的浮土，坑坑洼洼，凹凸不平。河谷一直有风，风力时大时小，一阵大风过来，路上一片混沌，路人顷刻如被尘土包裹，那时，我通常只是拿遮阳的围布把口鼻遮挡一下。汽车经过的时候同样如此，卷起的浮土也是铺天盖地。

我怎么能够不想念温泉！

上午 10 点钟从阿炳村出发，到达温泉的时候是下午 3 点左右。温泉坐落在土路的下端，紧挨着怒江。我欣喜地顺着扎西手指的方向走过去，发现温泉是一些天然的深浅小坑，一个挨着一个，有十多个。再试温泉水，老天！心里立刻凉了，所谓温泉只是一汪不凉的水，没有一点温暖可言。我曾经数次想象的在蒸腾着巨大热气的天然温泉里浸泡数时，搓尽身上泥土，舒展所有筋骨的美好愿望顷刻落空。我的那个沮丧啊……唉！

怎么办呢？顶多十几摄氏度的水温，洗还是不洗呢？我们一路疲累，体力下降，万一因此落下感冒发烧肺水肿等，后面的路还如何顺利走完呢？

扎西妈妈已经在泉水里把头发洗过了，看见她清爽的样子，我心里鸡抓难耐。3 点，阳光还灼热着，兴许在太阳的烘烤下人不会觉得太冷。

必须洗洗。这个念头压倒一切。

我们曾经被告知，若是有藏人在那里洗浴，一定暂时回避。幸好现在公路开通，转山的藏人在这一段大都搭车而行，这样可以省掉 1 天的路程，留下来在温泉洗浴的藏人一个没有。

我们和老熊各自挑了一眼温泉，我们考虑不在水里泡着，至少可以在太阳的照射下把身体擦拭干净。

从北京带来的洗浴用品首次打开使用。降低了对水温的期待值，再试试那水温，感觉已经不似先前那么凉。我们因此断定，只要动作麻利点，不在水里耽搁太久，应该不会感冒。于是，我和先生先是洗头，然后走进水里，让泉水没过膝盖，把浑身上下仔细擦拭。

毕竟没在露天如此暴露过自己，路上时常会有人经过，先生

说：我替你望风，你放心洗吧。先生一边望着风，一边打趣我贵妃沐浴，我说要是现在能像贵妃那样“浴”上一回，岂不是神仙般舒服，可惜啊，这会子连水都不敢往身上浇，还谈什么浴噢。

不能蹲着泡着，只能露着半截身子站在露天的水里，那份紧张与不自在使我不得不手脚麻利，搓几把毛巾，前胸后背地擦上两三次，赶紧穿衣服“出浴”。

尽管没有依照想象在温暖的泉水里尽情浸泡，但这一通上下擦洗，其身体的舒适熨帖绝不亚于日常的任何一次梳洗，那种久违了的清洁感受又重回自己身上，仿佛自己又重新变得好看起来（一路上从没照过镜子，不知 6 天没有梳洗的自己会是个什么样子）。

将换下来的脏衣服洗过晾在树枝上，登山鞋也擦拭清理后放在岩石上晾晒，卫生运动结束后，心里有种无与伦比的舒爽。我坐在一根粗大的树枝上写日记，先生在一旁抽烟，老熊干脆没有上来，就坐在温泉边的石头上，任江风抚慰。扎西一家把骡马等安置好以后，也都去泉水里把自己洗了个干净。大家彼此看着，都愉快地

笑了。

晚上，我们在一间废弃的小木屋宿营，想必那是温泉盛行时，有人在这里开设的小卖部。久无人居，木屋很脏，地上落有厚厚的尘土，因为自己的干净，我有些不忍心走进去，但无论如何到夜晚木屋还是温暖些，不可能再有别的选择。于是，搬来粗大的树枝坐下，将行李展开，就着刚做得的简单饭食，我们开始纵酒欢歌……

第 2 天，老熊告诉我们，他昨晚烧了一夜，大约是在江边坐得太久，被风吹着了。唉……

逃离察瓦隆

说逃离一点也不夸张，说仓皇逃离也不为过。察瓦隆是转山经过的唯一乡镇，镇上有餐馆、客栈、商店，有手机信号，是一路上唯一能够添加补给的地方。

我们在一家“朝圣者客栈”开房住下。吃过午饭准备收拾洗澡，突然觉得镇上的气氛不太正常，客栈的人说，镇上闹甲流了，一百多个学生感染了，八个很严重。

客栈的对面就是学校，学校的门口已经有隔离线拉起来。这个消息是那样让我们意外，简直就是哭笑不得。那时候全国正谈“甲”色变，各机场站满了对入境外国人严防死守武装到牙齿的防疫人员，各媒体成天播发某某航班、某某车次因有人感染甲流而征召所有同行者的消息，我们完全没有想到居然会在这样一个偏远的小镇遭遇甲流爆发。

稳了稳神，觉得我们住在客栈，只要保持距离，没有任何接触大约不至于传染。于是我开始心安理得在房间收拾行李，将洗好的袜子毛巾等拿到过道上晾晒。隔壁房间出来一个男人，一看便是藏族，气质上文质彬彬，像是从上面下来检查工作的干部。我问他是否知道镇上流行甲流，他说还没有拿到自治区卫生部门的最后确

怒江干热河谷的尽头，就是转山路上唯一的镇子——察瓦隆。察瓦隆的景色和氛围，都像极了美国西部片里荒蛮时期的西部小镇。

诊，目前看来应该是的，是按甲流治疗的。听他说话，尤其谈到甲流与普通感冒的症状区别，觉得他很专业，一问才知他就是县里的医生，是下来进行甲流防疫治疗的，我饶有兴致地和他就甲流的相关问题聊了约20分钟。突然，县里的一辆卫生防疫车停在了楼下，车上的人对着我身边的医生问道：好些了吗？回答：好些了。再说：注意休息噢。回答：好，好，放心吧。然后车便开走了。

我突然意识到这位医生是不是病了，被传染了？些微踌躇后谨慎地问他：请您别介意，请问您是不是感染甲流了？他微笑着回答：是的。我尽量控制住我的惊恐：请问您病了几天了（因为他没有戴口罩做任何防护隔离）？“今天是第3天。”

我与医生的交谈距离大约1米，我的理性让我在他面前继续保持了几分钟的镇定，我们还闲聊了几句别的，才相互告别。

老熊发烧1天了，我先生在上路的第3天起开始咳嗽，并有加重的趋势，扎西叔叔上路前便生病一直没好，我与扎西妈妈已是疲劳不堪。最要命的是，刚才我居然还那样近距离地与一位感染者接触20分钟，万一传染了……

我立刻冲到楼下去寻找其他人。先生、老熊、扎西，都去镇上溜达了。镇子很小，只有一条不足十米宽、百多米长的街道，我使出全身力气喊我先生的名字，他闻声从一家小店里出来，见我表情失措，便知情况不好。我要他赶紧去镇上药店买预防药，扎西妈妈已经把大蒜剥皮，几瓣穿在一起分别挂在我们每人胸前，她认为这样能预防疾病。我们需要马上做一个决定：留在这，还是立即离开。

我主张立即离开，我的理由是，我们现在都非常脆弱，抵抗力极低，被传染的概率高于平日，加上我已经同感染者近距离接触过，而且他就住在我们隔壁，风险太大，我们不能够也不应该继续冒这个风险。

客栈的老板听说我们的情况后，也主张我们离开。于是，大家的意见形成统一。那时已是晚上 6 点，天色将黑，老熊因为身体不适，已经没有继续走下去的力气，而下一个宿营点是龙普村，离镇上大约半小时车程，若徒步大约需要 2 个小时。老熊说，在镇上找辆车吧，拉上行李和我们几个，扎西叔叔晕车就赶着骡马走过去。我们一听主意甚好，于是确定行动。

客栈老板很快替我们找来一辆小卡车，将所有吃住行李塞上去已经满满当当，扎西在车上护着行李，其余人一起挤在驾驶舱，带着紧张与恐惧，神色凝重地快速逃离了甲流乡。

转山结束回到德钦，再返回香格里拉的时候，甲流正在这些地方流行。我们一直觉得奇怪，为什么呢？在如此遥远的地方？

对于由汽车载我们的这 8 公里山路，我们一直耿耿于怀，因为我们是一直想徒步走完全程的。老熊说，关键是心愿在，菩萨知道我们的困境，菩萨也不愿意我们冒险，菩萨会体谅的。见我还是放不下，老熊安慰道：心诚就可以了，不必拘于形式的。

转念一想，如果不是老熊的体力问题，我们可以走完这段路。无奈之下，只能留下这个遗憾了。

龙普村里有个龙普寺，是尼姑修行的地方，当晚我们就宿在寺里。

尼姑们听说镇上正闹一种病，但并不知道具体详情。听说我们从那里来，并且个个神情肃穆疲惫，没有打听更多的缘由，便为我们烧水沏茶。

尼姑不懂汉语，因而交流有些困难，我一直注视着为我们烧水的尼姑，通过老熊问她是否转过山，她说转过 25 次了，有时一年就转 2 次。尼姑的年龄不好判断，二十八九岁，如此算来，尼姑尚在年幼就开始转山了。

藏族同胞普遍身材高大，烧水尼姑在藏族同胞中个头中等，她举止从容，神态有种菩萨般的安详，她总是浅浅地笑着，隔一阵子就问每人是否需要茶水，有时就直接续上。烧水尼姑是让人一看就非常喜欢的人，因为一看就知道她心地善良，温良恭俭，世上一切丑陋与罪恶仿佛都不进入她的认知，她只知道一门心思行善、积德，使每个有缘相遇的人感到友善与温暖。她算不得多么漂亮，却是柔眉顺眼，加上她总是笑着，想象她在俗的时候应该有着很好的讨巧人缘。

俗人是忍不住对出家人感兴趣的，虽然兴趣水平各有高低。我的兴趣或者好奇，都是一般俗人的一般志趣，只想知道她何以就选择了出家，以她现在的样子应该在俗世能谋得一份不错的生活。当然这是不能贸然相问的，我只好不语，只是看着她，她也时常看着我，我们的视线一旦交会，她必先我露出笑容，笑得那么善良。

尼姑庵并不大，当晚我们见到了三四个尼姑，都比较年轻，大都二十来岁。她们的脸上都有一种本分得不谙世事的神情，想必是经年累月的寺庙生活落在脸上的生长印记。早起与一个小尼姑在寺里唯一的自来水龙头下洗脸（寺庙有自来水很出乎我的意料，水是山上下来的），小尼姑十一二岁，因为彼此不能用语言交谈，只能互相看着对方洗脸。小尼姑只带来一块香皂，她用香皂洗了手，然后又洗了脸，洗过的脸上依然因为分布不均的高原色块而显得不够干净。小尼姑没有擦任何护肤品，只是把手上的水甩干，拿起香皂盒离开，走之前对我浅浅一笑，露出一点小孩子的顽皮。

那间曾经敞开的“姑舍”（相对于僧舍，我姑且这样称呼），因为敞在我们去帐篷的必经之路上，我有心多看了几眼。舍里有沙发般高矮的两张床，床上的卧具普通而干净，墙上并列贴着毛主席和喇嘛的像，像下边是一个柜子，柜面上摆了香炉酥油灯等器具，床旁边还有一个再高大些的柜子，想必是放衣物杂件的地方。比较意外的是屋子里的一个电暖器，虽然不大，但在那间十一二平方米的空间里，在冬天寒冷的夜晚，还是能够产生一些温暖。

这间大堂旁的姑舍，显然是有身份的尼姑住的。早晨我与从这间屋子里走出的一位尼姑碰了个照面，尼姑很年轻，二十出头，藏红色的袍子上披了件宝蓝色的锦缎薄袄，两个对比色相配有种清晰耀眼的鲜亮；更为耀眼的是尼姑的漂亮，白皙干净的皮肤闪着一层乳白色的光，轮廓立体的脸上五官精致讲究地摆放着，那是一张在演艺圈都能很快获得美人称号的标致的脸，不必磨骨垫颌，一切均是天然，恰到好处。以我在藏区的经历，我以为藏族血统的美人很接近西方美人的脸部结构，立体，精致，眼大鼻高，嘴唇轮廓分明，而且她们大都身材高挑，常给人惊世美貌的感叹。

这位尼姑不仅漂亮，而且气质贵气，颇有大家闺秀的气度。没有交谈，也没有更多的凝视，就是那一个照面，尼姑给我留下了难以磨灭的记忆；因为那美貌实在难得，更因为那美貌何以就藏在了这样一个小小的寺庙里。

转山结束后，在从德钦回香格里拉的路上，我们曾去了在整个藏区都颇为闻名的东竹林寺，也是尼姑修行的地方。老熊告诉我们，东竹林寺比较纯粹，没有被时下的商业气息浸染，尼姑们一心修行，平日得到的布施不多，日子过得比较清苦。老熊年年都要给东竹林寺一些香火钱，有时还送去一些大米，为了对这些一心修为的尼姑表达敬意与体恤。

我们去的时候，大堂里一个小尼姑正在对着菩萨五体投地，一个接着一个。尼姑光着双脚，手上有两块木板，双手在眼前一合，移至胸前，再将双手放在身侧，沿着身下地板将身子向前滑去，同时将脑门在地板上轻叩。我们在大堂看了一圈，掏出一点钱给了年长的一个尼姑，小尼姑依旧在拜着，没有半点停下来的意思。

不知由谁出资，东竹林寺的寺后有一座新起的楼房，四层高，尼姑们说那是她们的宿舍。经过她们的允许，我走到房间门口看了看，四人一间，除了被褥有些民族特色，墙上贴着宗教图画，其他便与一般学生宿舍没有二致。寺里有两百多尼姑，她们三三两两在走廊或山坡上各处待着，有的在阴凉处背着佛经，有的就着手中的某个物品研究，神情散淡，像是课间休息，四处弥漫着开明轻松的气息。我感觉这里更像个女子学院，年轻人占了大多数，无法猜度她们以后的命运，仅看现在，就觉得她们是在上学，不谈恋爱，不吃荤腥而已。

我忽然想起过去南方某省有个自梳女的说法，女人们自愿不出嫁，集合起来在一处居住，大家靠编织等多种手艺挣钱生活，直至终老。这些女人是因为知道出嫁后的日子辛苦而且多有不幸，宁愿不嫁，成为自梳女是她们自觉自愿的人生选择。

不知眼前这些年轻尼姑出家，是因为人生选择还是出于对宗教的信仰，总之她们的选择不同于大多数，那些青春洋溢的脸似乎也不能告诉我们更多的信息，只觉得她们虽清苦但也开朗快活，反倒衬得我们这些俗人不知为何就那么不快活了。

那一刻，我真的走傻了

被甲流惊吓过，又宿在龙普寺经堂外的台阶上，夜里不时有转山的人惊扰，一夜都不曾实睡，早起我便觉得头脑懵懂，有些惶然的样子。老熊不再发烧，我先生的咳嗽依旧持续，队伍整体状态不够振作，扎西努力说笑，想唤起一点大家的兴致。

8 天了，心理上有接近极限的倾向。恐惧、劳累、惊吓、生病、1 天一个新环境，使身心疲惫不堪。

我们彼此都努力露出高兴的表情，希望这种高兴得以感染彼此。离开海拔 2600 米的龙普寺，需先翻一座 3300 多米的垭口，再沿着怒江支流扎玉曲河的绝壁走 4 小时，到达格布村，这便是第 8 天的行程。

早 8 点半出发，3300 米的垭口离出发地的垂直落差只有 700 米，是我们翻越难度最小的山峰。可能因为情绪不高，也可能体力问题，中午一点翻过垭口在半山坡休息午餐的时候，我觉得浑身倦怠，产生不希望继续前行的强烈愿望。可半山腰很冷，显然不能久留，简单地吃了几口干烙饼，喝了一点酥油茶又继续上路。

原想沿着河边走应该是最愉快的路程，哪知这河边所谓的路，就是江两岸绝壁上一条一尺来宽的砂石小道，远看如同一条发白的细线，被人不经意地在绝壁上画出了一笔。小道的一边是绝壁，一边就是万丈悬崖，直插江边。在小道上行走，需要凝聚全部的注意力，稍有不慎，便有掉下悬崖滚进江心的危险。路尚且如此，更想不到还伴有剧烈的大风，那风像是魔鬼手中的扇子，被魔鬼恶意地一扇，狂扑着向人席卷过来。在卷来的一刹那，我们不能行走，彼此手牵着手，依靠着，在原地牢牢站住，等着狂风过去再迈步。疲劳加上河水快速流淌造成的眩晕感，一个多小时后，我便再也不敢看河水的流淌，唯恐自己在眩晕之间不由自主将双脚迈向悬崖……

攻略上说，这一带还有一处 500 多米的崩塌区，山上时有巨石滚落下来。

小心翼翼，胆战心惊，诚惶诚恐，我不知该如何形容那一路的艰辛。狂风时常把砂石卷进我们的眼里嘴里，在那瞬间的混沌中，双脚的几次踏空更是吓得魂飞魄散，惊险无比。

扎西把自己置身于那一尺窄路的外沿，我被他牵着亦步亦趋地朝前走。窄路上的扶持固然多了安全，却十分妨碍行走，那种彼此的将就使我与扎西都格外疲惫，尤其扎西，仿佛我的性命就在他的手中，使他一刻都不曾松懈。

我的眼前忽然出现重影，一条路顷刻间变成了两条，耳畔的声音也变得遥远，整个人恍惚起来。

我意识到，可能走到极限了，生理出现应激反应了。我不敢吭声，唯恐惊扰大家。那时的情况是泥菩萨过江自身难保，又如何再分出精力去顾及他人。

恍惚中，我机械地迈着脚步，跟着扎西。扎西不断提醒：阿姨，小心点，慢点！扎西可能意识到了我的脚步很有些不稳。

这一条线似的江边小路我们摸索着走了将近 4 小时。“阿姨，看见前面那座吊桥了吧，过了桥就是格布村了。”扎西的语气里一阵高兴。

是吗？真的要到了吗？在那一尺窄路的尽头，连接一截较为宽敞的路，扎西把我松开，说是要赶上走在前面的妈妈，帮着妈妈过桥。原来，扎西妈妈一路只害怕这一座吊桥，桥面确实不宽，是附近一个高僧带领俗众自行搭建的，铁链上铺着木板，骡马和人一同走上去，摇晃得厉害。扎西惦记着妈妈的“软肋”，飞也似的跑到妈妈身边，伴着妈妈一起过桥。有儿子在，妈妈显然放心，看见母子两个的默契，看见扎西顶天立地般的男儿担当，我似乎忘记了身体的极度疲惫，心生感动起来。

格布村同属西藏林芝市察隅县察瓦隆乡，海拔 2200 米，是我们经过的第三个村庄。

村里有一座新盖的汉式平房，房前围着院墙，院子里有一个旗杆，杆上虽没有任何的悬挂，但一看便知是公家的所在。果然，扎西问过熟悉的村官，得知是刚刚落成尚未及启用的村公所。借了扎西的面子，我们得以进入院子，有围墙和水泥的地面，更意外的欣喜是，推一推其中某间的房门，居然没锁，空荡荡的房间里虽然一无所有，但走了 8 小时的长路之后，有一处房屋得以躲避寒夜，绝对是意外的惊喜。

天色渐晚，扎西妈妈和老熊在院外的墙根下搭起火塘，忙着生火做饭。宿在村中，骡马离开草场，扎西和表叔只得进村为骡马购买草料。待骡马们终于开出“晚餐”，扎西又在表叔的配合下，开始给骡马们钉上新的马掌。那一阵，陀螺般旋进旋出的扎西，脸上露出一路上都不曾出现过的焦灼之色。

院外的人们忙做一团，我却一屁股坐在积满水泥灰石的空屋子地上再也不曾起来，先生起先也进进出出地帮着老熊和扎西忙活，对我的状态没太在意，等注意到我的状况后，则蹲在我的身旁不知所措……

我一直坐着，一动不动，耳畔的声音十分遥远。先生把手在我呆滞的眼前挥了挥，见我木头一般没有反应，便说：你是不是傻了，丫头，你走坏了吧？

所有人都断定我走坏了。

先生在我的身边坐下来，担心，焦灼，紧张不安，他不知道我到底如何了。

“丫头，我干了一件傻事吧？你要真的走坏了怎么办哪？！”

“哥哥我们为什么要干这件傻事？回不去了怎么办？”

“丫头，对不起，是我把你带出来的，是我傻！”

“我真的后悔了，哥哥，这不该是我们干的事儿。”

坐了许久，我开始回应先生的问话。我们当时说的话比记得的这几句要多许多，那是一路上我与先生关于行走最长最完整的一次对话，多是后悔与懊丧，说完之后，我便直勾勾地望着屋外的群山，在悔不该当初的同时，陷入了真正的前所未有的绝望。

还有三座 4000 米以上的高山，一座接近 5000 米，何时是归期啊！

一生做过许多事情，不曾有过让自己牢记不忘的悔，更不曾有过让自己走投无路的绝望，或者曾经的后悔都随着忘却，不曾在生活中落下有影响的印记，而绝望更是无从体会，因为我从不曾将自己置于绝望的境地。

我那浑噩的大脑里似乎什么也没想，似乎又有无数思绪在纷腾，靠在墙边久坐无语，禁不住流泪。可能是委屈，也可能是绝望，心是不由自主就酸了的，眼泪止也止不住。

先生有些难过，除了懊恼不已，不知如何安慰才是。或许，他首先要安慰好自己，让自己在懊恼的困难情绪中先行解脱，他的解脱或许就是对我最好的安慰。对于一项共同的行动，一人绝望不可怕，两人都绝望才是最无望的深渊。

他那时已经全然忘记了自己越来越严重的咳嗽症状，一心只想着我何时才能再生动起来。

说来难以置信，时至今日我都清晰地记得，即使陷入那样深刻的绝望，我的心底仍始终有一个坚定的声音：不管路上遇到什么，我一定能够走出去！

2 个小时左右的休息和胡思乱想后，我把这个想法告诉了先生，先生将信将疑，或者那时他只能选择相信，否则若是不信，在这前后没有任何进退的地方，还能有什么别的可能吗？！

逃离察瓦隆的时候，我们带上了原本当晚要在客栈清炖的两只煺了毛的土鸡，土鸡是老熊提议客栈老板去附近农家买来的，想给大家补充一些体力。土鸡在马背上挂了1天一夜，因为温度不高，到格布村的时候，仍旧保持了新鲜。老熊用高压锅将土鸡炖烂，然后下了一锅鸡汤面，他希望这锅鸡汤面能给所有人带来希望。

扎西妈妈把鸡汤面递给我的时候，发现我的手脚有些动作失调，嘴里说着把碗接过来，却又把自己手中另一个物件递了出去，而且状态懵懂。扎西妈妈看着我，同扎西说着藏语，她的表情告诉我，她在为我深深地担心，扎西一旁听着也不住地点头。

其实，扎西趁着天黑前钉马掌，就是在为我明天骑马上路做准备，他已经预判我再也走不动了，作为马锅头，他必须让我安然无恙地从这条路上出去。

现在想来，最后我之所以能够安全走出来，那碗鸡汤面应该功不可没，堆着厚厚油层的鸡汤及时补充了我行将见底的体力，同时使我们整个队伍重振起来。现在电视里时常有各路神仙大谈养生之道，我不知鸡汤在食补上究竟是何原理，但那次实践让我确定无疑地知道，鸡汤，尤其是真正的土鸡汤实为大补，体弱之人不妨多多食用。先前也知道鸡汤的作用，例如产后的女人最好多吃母鸡，以为那只是个延续了千年的说法和习惯，因为百姓家家圈养，作为动物补品较为易得，对鸡汤的疗效并无坚信不疑的信赖，再则，现在各色补品举目便是，谁还会对鸡汤有一以贯之的依赖呢？

实践出真知！

沿途只有一个地方有手机信号，就是临近干热河谷尽头的察瓦隆乡。这张照片是接近察瓦隆时所拍，最远处的山头上，是手机机站，中间的是一个格外精心堆积的玛尼堆，顶端还安放了一只木质的小塔。

尽管没有太多的胃口，当时我还是尽全力把盛给我的那碗鸡汤面全部吃了下去，我知道我必须坚持，不能成为大家的拖累。即使骑马，在临近垭口的最高处，最后那几百米，因为路面太陡，骡马自身都难以平衡，更不可能载人骑行，最难最关键的地方，还得我自己徒步行走。

吃完鸡汤面，我感觉好了许多。尽管双腿颤抖发软，疼痛难当，我最终还是从地上站了起来。在起来的那一瞬间，我心里知道，我能站起来，就能走完全程。

当我把注意力从自己身上移开的时候，这才发现先生的咳嗽已经愈加厉害，头 2 天似乎还咳在喉咙，今天已经进入胸腔和肺部，咳得很深，并伴有多痰。我急忙试探他的体温，没有发烧，他安慰我：别担心，我心里有数，不会有事儿的。

我们带的消炎药还剩 1 天半的剂量，而走完全程还需 4 天，消炎药并不是平日针对先生最见效的头孢，而是最普通的红霉素。这是我们这次药品准备的最大失误，只带了最普通的感冒消炎药，没有做应急状态下的特殊准备。比如，万一高烧，或急性肺水肿怎么办？后 2 天的路程恰好是全程最高峰——翻越 4800 多米的说拉垭口，如果 1 天半的药量不起作用，咳嗽加剧造成肺部感染发烧，后果将完全不堪设想。

我忍不住问老熊：要是先生发烧肺水肿了怎么办哪，我们没有药啊？老熊一脸凝重，无言以答，只是安慰我：不会的，不会的……

躺在帐篷里，听着身边先生一声紧似一声的咳嗽声，我完全忘记了自己的疲劳，心急如焚。老天爷，他今晚会发烧吗？老天爷，他半路病起来我们该怎么办？老天爷，你会半路要了他的命吗？……

我想起中医在给我做经络梳理的时候，说胳膊上走的是肺经，中医说，若是咳嗽和嗓子不舒服，拍打或者按压这条肺经，可以缓解症状。我照做了，把先生的胳膊刮得通红。仍旧咳嗽。

还有什么办法吗？没有任何办法，我只能把全部希望寄托于佛祖，躺在帐篷中把双手放在胸前，心里一遍又一遍地默念：我佛保佑，我佛保佑，我佛保佑……念着念着，突然伤心起来，禁不住眼泪横流……

那是我唯一能做的了。

那一刻，我才真正明白藏族同胞为何对佛祖怀有那样虔诚的信仰，他们生在极端恶劣的自然环境下，交通不便，缺医少药，万一遭遇重病重灾等天灾人祸，除了依靠自身顽强的生命力，只能祈愿佛祖的保佑庇护了，他们没有任何选择。我听说一些六七十岁的老人得病之后，去寺院询问喇嘛，喇嘛给他们的唯一回答便是：动身转山吧，愿佛祖保佑你。这些重病的老人以死在转山的路上为至高超脱，有人居然平安转完一圈，认为那是佛祖多给了他一年的生命，第二年接着再去，他们唯愿在这样虔诚的祈福中，使生命得以超脱延续……

宗教从来都不是平白无故产生的，对宗教的信仰也从来不是平白无故产生的，人们只有面对现实完全无力的时候，才会将希望寄托于自己幻想的在冥冥之中左右了芸芸众生的佛、真主、耶稣，幻想按照他们的意愿行事，使自己获得与残酷现实较量的力量、勇气，乃至关照和庇护。

那一夜，即使是临时抱佛脚，我也希望佛祖能看到我的真心：佛祖，我在真心祈愿您的保佑，我们纵然不是为您转山而来，我们也是为了检验自己的意志而来转山，请您成全我们的心愿，让我们平安出山吧……

那时，如果佛祖需要我一夜为他行五体投地大礼，我想我也会照做的，因为我没有选择。

抚摸过先生的额头，暂没有发烧的迹象，听他喘息之声稍许平静些，我终于耐不过疲劳，沉沉地睡去了。

过后老熊说，他一夜都不曾踏实睡好，一直在谋划，万一我们夫妇谁出了问题，应该如何救援。他想的是，请扎西骑马用 2 天时间赶到说拉垭口，垭口上偶尔会有微弱的手机信号，用手机通知老熊事先已打过招呼的德钦县领导，让他们请求武警部队出动直升机救援……

万一垭口上没有信号怎么办呢？这个念头把老熊折磨了一夜，他也同样在祈求佛祖保佑。

第 2 天早起，虽然整张脸睡肿变形，但我感到身体无比轻快，体力又重新回到我的身上，与昨日判若两人。我预感，所谓身体的极限点已经过去，我再也没有任何可担忧的了。

先生如他自己所言，没有高烧起来。扎西妈妈把他们从山上采来的稀有川贝，用蜂蜜加水熬着给先生服过，这是他们当地治疗咳嗽的偏方，并嘱咐先生隔几小时含服一粒。见我又重新活蹦乱跳，似乎一切危险已经过去，大家紧皱的眉心重新舒展开来。

人的一生，没有多少个日夜能走入生命的记忆。2009 年 10 月 26 日夜，那一夜的心路历程，因其起伏跌宕，我必终生难忘。

晒急，晒恼，晒得无处可逃

格布村前的山头上有两条路，一条通往西藏林芝，一条就是通往云南的转山之途。我们从云南出发，翻多克拉垭口进入西藏，又从西藏翻说拉垭口回到云南，走一条深深的马蹄形路。

一定是造物主的有意安排，或者是当年第一个踏出转山路径的活佛的有意选择。转山之路以最险的多克拉垭口为翻越的第一座山峰，又以最高的说拉垭口作为翻越的结束；先是考验人的决心诚心，然后考验人的意志毅力，两相结合，组成完美的转山行程。

一路上遇到无数批转山的藏族同胞，其中似乎来自西藏、青海的藏族同胞，比来自云南的更多一些，也许是他们人口本来就更多一些的缘故吧。而多数从西藏、青海过来的转山人，大多从西藏一侧开始其行程，转到格布村时便告结束，踏上了回家的路。于是后面 4 天的路程中，我们再难见到同行的人。

从格布村到说拉垭口有 3 天的路程，中间需翻过两座 4000 米以上的山峰，再经过一个世外桃源般的村子来得村，两夜 3 天后才能到达。

清早我们从格布村出发，因为自觉体力得以恢复，我的步子格外轻快。扎西按头天的准备，将骡马队伍中唯一的一匹马牵在手里，以备我的不时之需。对扎西的体恤，我没有拒绝，虽说我一心想自己步行到底，但昨夜的经历使我不敢盲目，毕竟我们不是来赌命，必须安全第一。

因为有马，扎西几乎步步哀求：阿姨，骑马吧，别累坏了。我跟他说：不用，阿姨走得动。扎西是个实诚得没办法的孩子，他的信念就是阿姨绝不能出问题，所以，他不断地对我说：阿姨，上马吧……

不知是体力的缘故，还是这一路的山势相对较缓，我竟感到了上路以来前所未有的轻快，攀爬的速度明显快于平日，不时还嬉闹说笑。大约 4 小时后，我们就到达了第一座海拔 4100 米的山顶，在一片不算开阔的台地上午饭休息。随骡马前行的扎西妈妈、叔叔和老熊，见我们在他们半小时后居然到达，竟流露出难以置信的喜悦，直说他们停下来的时候就担心，不知我们何时才能到达，他们断定我可能很难再走，只能慢慢耐心等了。

扎西妈妈双手比画着问我：骑马了吗？我大幅摇头告诉她：没有。老熊直说了不起了不起，都以为你走不动了。

我没有骑马，但我牵过马尾巴。一路上行，牵着马尾巴确实会省一些力气，加上扎西不断地劝求，我有些拗他不过，也就试着牵了一段。但马的步频是均衡的，连续不断的，你若跟着它就得连续不断地走。那种在马身上看起来不快的步伐，人跟着走一阵子照样会气喘吁吁，而没有主人的命令，马是不懂得停歇的。跟着马走了一小阵子，我发现虽暂时省了力气，却不能自主调整自己的节奏，反而被马拖得疲惫不堪，牵过几次，我便撒手，自己走起来自在。

早晨从格布村出发时，就有村中三男一女四个村民，超过我们一路小跑似的向前奔去。而直到走过至少一个小时之后，却迎面看到其中那位年轻女子，额头上如平时背水桶一般地，勒着一条牦牛毛编织的带子，但此时她身后背着的却不是水桶，而是一段足有四五米长，被砍去枝蔓和树皮的松树原木！正诧异间，看到她的来处，是一片被伐倒并初整过的松树。显然，这里是格布村村民选定的一处伐木场。让人惊讶的是，她那堪称瘦小的身躯，何以承受得起如此重负？格布村四面皆山，村民们何以舍近求远地跑到这里伐木？

格布村这种偏居深山中的村落，除了村公所那样的公共建筑，日常民居的建筑材料，大多还是就地取材的原木。舍近而求远，不把村庄附近的山头砍成秃头，大概是一种最本能的环保意识。

然而一旦走出大山，随着人口数量和欲望的双重膨胀，这种朴素的环保理念顿时失效，再远的山林、再深的矿藏，都逃不过被欲望和技术武装起来的人的追杀。

两座4000米的山峰之间，有一段较为平坦的路，因为垂直落差只有 200 米，从 4100 米的达古拉走向 4300 米的哥拉扎，几乎不费什么力气。下午 4 点半，我们开始下撤，6 点半到达了 3100 米的宿营地。

虽然也是整整 10 个小时的上山下行，但那 1 天的路程无论是在当时的日记里，还是在此时的回忆中，都没有过于劳累的记忆。我的日记只记载了当天夜里营地的寒冷，以及因为寒冷潮湿，夜里睡眠不佳。可见，我说的体力恢复是一句真话，人自身确实有这样的修复能力，哪怕是如我这样年已四十有八，不时常剧烈体力活动的办公室女子。对这种简单生理知识的认知，也是需要经过切实的实践才能获得，否则，一切都只是一个概念。比如，极限；比如，极限后的重生。

越是接近目的地，我对可能到来的最终登顶越是畅想不已。我对先生说，最后站到说拉垭口，我会不会号啕大哭？先生没法儿设想，只说一切皆有可能。

当我在格布村坚硬的水泥地上坐着发木的时候，我对想象中站上说拉之巅只有一个结论：除了一通痛哭，不会有别的可能，因为那时我怀疑自己是否还能到达山顶。出发前已无数次想象过对 5000 米的翻越，觉得那一定是个壮举，过去仅是坐着汽车在 5000 米左右的山上经过，顶多也是半小时的停留，从不曾设想自己会从山下一步一步地越过 5000 米，而成为一个名副其实的行走者，一个在自然间对自己的意志有过些许检验的过路人。

第 11 天，2009 年 10 月 28 日下午 4 点半，我们走进了此行的最后一个村庄——海拔 3000 米的来得村。我先生在一路走进村庄的过程中，就连连感叹：怎么会有人落在这样的地方？真正被遗忘的世外桃源啊！

既然把村里的事交给别人来写，我的笔墨，就更多关注些村外。我记得从山下 2400 米的来得寺向来得村上行的过程中，我们遭遇了此行最强烈的一次暴晒。相对于风雪，我似乎更回避太阳，这是长年职业生涯养成的对皮肤格外在意的一种行为习惯。我有一位教师出身的美国女朋友，有次说到太阳镜一词时联想到太阳，她说，西方人喜欢晒太阳，而在中国发现一出太阳人们就打伞，开始觉得奇怪，现在意识到你们是对的，这样能够更好地保护皮肤。她名叫南希，南希已经发现虽然我与她同岁，却似乎年轻许多，她认为这至少也有打伞的功劳。

太阳对年过三十的女人格外不留情面，只要你胆敢无遮挡地暴露在它的照射下，时间稍长，可能就会因为色素沉着留下终生难以消褪的印记。我若不是从事这个职业，我不会对太阳有这样的敏感，事实上日常生活中的一般性露天活动，我并不刻意遮挡回避太阳，晒就晒了，似乎也算个随性帅气之人，可那天通往来得村的一路暴晒却把我晒得狼狈不堪，几乎是一路诅咒着爬完那近三小时的上坡。

扎西已经提前发布了“节目预告”，说从来得寺到来得村的路并不算远，但是会很难走。来得寺就在扎玉曲河的岸边，名为寺院，

来得村是我们此行经过的最后一个村子。全村只有四户人家，五栋藏式房子（其中一栋已经废弃）被合围在一个几乎四面环山的马蹄形山坳里。

却既无人主持，也不见殿堂，只有一座簇新的白塔和若干经幡。我们在那里吃过午饭，想着即将到达最后的村庄，而且路途不远，并没有在意扎西的提示，饭后便精神抖擞地上路。

哪知，我们上行的山坡正好处在西面，那时是下午 2 点，山上多是些半米深的灌木，偶尔有几棵大树，一路走去，完全暴露在阳光的直射下。那可是高原午后的阳光啊！

此前为了防寒而一直穿在身上的防雨冲锋裤完全成了累赘，塑胶样的材质裹在腿上使我步履维艰，两侧的拉链拉开至大腿，仍觉得闷热难当，暴露在阳光下的皮肤被晒得生疼，身上的汗如雨般落下，加上坡面极其陡峭，走得十分艰难。

我不知道可以跟谁生气，不知道怎样才能躲避这无休无止的暴晒，总之，我被晒恼了，恼得无处发泄。

我家先生知道我的情绪，他不想安慰我，知道无用，只是先我几十步走着，发现有树就大声告诉我：坚持住，这儿能歇会儿。

我是在被晒得走投无路的情况下看见来得村的。

如何去形容和感受那层林尽染、似是一幅田园油画的小小村庄呢？

我们宿的那户人家女主人大约六十岁，与见到的多数同龄藏族老妇不同，这家女主人气度排场硬朗，目光通透淡定，很是一副见过大世面的模样。女主人话不多，因为不通汉语，与我们更是无话，她只是偶尔用手指示一下，比如，在青稞酒中加入蜂蜜和鸡蛋，在火中加热，扎西说，这是招待贵客的，老妇不说什么，就端到我们的眼前。

看扎西妈妈与老妇的熟络，才知扎西和妈妈某年转山，曾因为大雪无法翻越说拉垭口，在老妇家住了 8 天。那鸡蛋青稞酒是冲着那份熟络与亲热来的。

我问扎西，后来是如何过的说拉垭口，等雪化了吗？扎西摇头：没有，雪停了就上去了，完全没法走，很陡，站不住，他和妈妈是全身趴在雪坡上，一点点爬过山去，“那次差点把命送掉了”。

扎西汉语不太灵光，表述起来给人的印象略显机械，并无太多情感色彩，而这次说到自己和妈妈的“送命”，配合表情再听他的语气，显然觉出那是一次极其惊险和刻骨铭心的经历，扎西即使轻描淡写地只说几句，也是听得出他当时的那份惊恐心情的。

女主人给我们烙了荞麦饼，让我们明天一早吃，多余的就带在路上。女主人对我们说：辛苦噢。我理解她是想告诉我们，明天会非常辛苦，我们点头，对她的种种体恤表示感谢。

老妇家经常有转山人借住，也许来的汉人少，也许我们又来自北京，总觉得老妇看我的眼神里有种格外深邃的关切，她只是不表达，在与我眼神的交会中，也只是轻淡一笑。也许，我的白皙和娇小让她颇不放心，也许她并不理解我这个已不年轻的汉族女子，为何千里迢迢来翻越那座高山，显然我早已过了贪玩儿的年纪。我知道那种关切是真诚的，有种女人间特别的相怜相惜，我无法将自己的这份感受表达于她，只是默默地在心里领受。

说拉，我看见你了

2009年10月29日，上路第12天，我们将越过此程的最高峰——说拉垭口。地图上的说拉垭口，地处梅里雪山的正北端，视觉上因它处在上方，心理上会增加对它高度的感受，又因为它处于正北，心理上也会因此觉得它有更多的寒冷。

早8点，我们上路。

还是一如往常的出发阵容，扎西妈妈、表叔和老熊因为比我们走得快些，出发不久便同我们拉开了距离，我与先生还有扎西在后面慢慢跟着。

前面的三位大人从不担心扎西对我们的保护能力，上路以来他们几乎不刻意放慢脚步将就我们，他们早到营地后就烧水做饭，通常一小时内我们便能到达，最晚则晚过两小时，比如从多克拉垭口下来的那次。

大家从来得村出发的时候，体力和状态都不错，显然是恢复得充分。走过一路我才知道，仅就住宿而言，不管什么环境，宿在室内无论如何对睡眠与体力恢复都远强于室外，室内除了能遮风避雨、防寒保温，还有心理上的安全感，这种安全与稳定的感受，对连续在野外生存的人来说至关重要。所以，即使是柴火房甚至牲口棚，对野外漂泊的人，有时就是天堂。

来得村的海拔高度为 3000 米，说拉垭口是 4800 多米，我们要在 1 天之内走到山顶再下撤到适合的宿营地，按过往几天的速度计算，时间非常拮据。

扎西说，怎么走也不会少于 8 小时。

当然，这是扎西的“差不多”的算法，我心里明白，我们所需要的时间应远大于这个概念。

可喜的是，天气很好。自从多克拉垭口之后，我们再也没有遭遇过雨雪，我们认为这是老天和佛祖对我们的眷顾和厚爱。

“依旧是无休无止的上行，山坡不算最陡的，但也不是不陡，也许因为对自己连续 2 天来的体力充满信心，一路虽然走得不快，却也不躁，我知道就这样不急不躁地走着，我肯定可以翻过山顶。”这是当时日记的记载。

扎西依旧备了匹马跟着我，我没有拒绝，虽然抱定了走到底的决心，但我不知道最终体力是否支持我，那毕竟是将近 5000 米的高度，我不能因为逞能而给大家增加麻烦和负担，还是有备无患。

对扎西而言，能让我们顺利地走到山顶，他的任务就算圆满完成，因为从山顶下撤一般没有危险，所以，他唯恐我出现意外状况，出发不过半小时，便在我的耳边反复地：阿姨，骑马吧，阿姨，骑马……

起先，他问我一次，我便回答一次：不骑，阿姨能走，阿姨能行。后来他重复的次数太多了，为了让他放心，我对他说：扎西，阿姨告诉你，阿姨绝不逞能，阿姨走不动的时候，阿姨一定主动骑马，好吗？

我说这话的时候，表情认真，扎西听完安静了一阵，可是没多久，他居然又开始：阿姨，骑马吧，阿姨，骑马吧……一遍又一遍。

我心里禁不住有些恼：这孩子怎么这么不明白呢，我说得再清楚不过，干吗这么没完没了啊？

我的恼首先在于不管我如何解释，扎西似乎都不明白我为什么坚持不骑马，其次恼在他无休无止地在你耳边提示：骑马吧，骑马吧，实实在在会干扰到你走到底的决心。面对艰难的爬坡不止，有时坚持与放弃仅在一念之间。所以我恼，有时，干脆就懒得理他。

见我不说话，扎西保持了一阵子的安静，小伙子天性快乐，一阵子不说话他会觉得寂寞，他开始唱歌，跟我说些他身边的笑话，尽管笑点有限，我还是很捧场地同他一起哈哈大笑，然后，他又开始回到他心里的那个“结”，那个他不解决就永远放不下的结：阿姨，骑马吧。还在马背的座椅上来回抚摸，然后拍两拍对我说：阿姨，骑马吧，骑马舒服，骑马很舒服……一遍又一遍。

我只好停下脚步，在原地站着，可能我一脸严肃：“扎西，听着，要为了舒服，阿姨就不来了。”

扎西似乎被什么东西刺激了一下，立刻收起笑容，也站在原地不动，把脸侧过一边，样子有些伤感，半天不语。

我立刻意识到我是否过于严肃，让小男孩紧张不安了，或者，我的话有什么不妥，让小伙子伤心了？

“扎西，怎么啦？”

“没什么，阿姨，没事。”在强装笑容和伤感之间，表情有些游移。

这成了我与扎西之间的一个谜，不管我后来如何探问，扎西都没有回答过我，他那一瞬间分明的伤心究竟是为了什么。

我曾经与扎西聊到过城市生活。

“扎西，那些电视剧里华丽的城市生活场景你认为是真的吗？”

“是真的。”

“你认为城里人就是那样生活的吗？”

“是的。”

“你喜欢那样的生活吗？”

“喜欢。”

“想过要那样生活吗？”

他先是点头，随即，又狠狠地摇头。

我告诉他，那些电视剧里的公寓、别墅、高楼大厦，是为了拍电视剧特意选取的，不是每个城市人都有那样的生活，他看着我，不信。

扎西小学五年级后就辍学了，成了爸妈的干活帮手，现在他的妹妹在县城读高中，他一心一意希望妹妹能够考上大学。他说妹妹很争气，成绩也不错，妹妹知道哥哥在家里的辛苦，有次见到扎西因为干活浑身汗透，妹妹伤心地哭了。

后来我一直在猜，是不是我那句“要为了舒服，阿姨就不来

这是此行最后一个垭口——说拉垭口。我的相机有拼接功能，此时用到，还是比较如实地还原出当时的视觉感受。

唯一在视觉上比较养眼的，是图中那一条绿色植被，是成片的高山杜鹃。在本图中只占到一角，但在山上却是漫山遍野。老熊说，如果是6月杜鹃花期，漫山都是怒放的杜鹃花，绝对称得上花海。

了”的话，确实引发了扎西的伤心，让他意识到某种人与人之间的差别？

同样是走转山的路，今天的扎西不是为信仰，而是为生活，通过一路的辛苦劳累换取一些收入，让家里的日子能够舒服；他眼里的阿姨转山，同样不是因为信仰，辛苦劳累却是为了不舒服而来，是这种对比让他这个以转山为营生的劳累人瞬间伤心了吗？

或许，我把事情以我的理解想复杂了，或许扎西只是一心想完成父亲交给他的任务，让我们几个客人平安返回。我这阿姨却横竖不配合，走得那样吃力也不上马骑行，劝多了还不高兴，万一有个好歹，他既担不起责任，那份家里需要的收入大概也泡汤了。一时间小男孩觉得委屈罢了。

都是我的猜度，不会再有答案了。

在我们回北京后不久，听说扎西不再去山上放牛，而是开车跑起了运输。每年的 6 月到 11 月是转山者进山的季节，不知今年他是否会继续向导生涯。我只一心唯愿，他和他的父母不要过于劳累，早日过上舒坦的日子。

中午 12 点半，我们到达了一个 4000 米的台地休息。之后，经过一段近 3 小时的陡峭攀爬，下午 4 点，终于走到了说拉垭口的最后攀越台地，一片与别处迥然不同的地带。

站在台地上抬头仰望，说拉垭口是那样高，又是那样远。扎西妈妈和表叔正赶着骡马翻过垭口，老熊也走到了半山腰，隔着又高又远的距离，他们在我们的眼中仅是几个小小的点。

只剩下我们三个了，四周一片静悄悄。

台地，空旷荒凉而坚硬，岩石沙土地质，没有任何生命，站到那里你会立刻感到，亿万年来这里不曾有过丝毫的改变，这里就是地球本来的模样。左边的一座山峰是深绿色的岩石，中间的山头又被染成了铁锈红，我们需翻过的垭口上隐约有经幡飘扬，是那经幡在告诉你，这里曾经有过人类的活动，若不如此，这里的地貌和景象就如我想象中的月球：亘古蛮荒，冰冷，没有水，没有生命，没有一点声息。

天很蓝很近，在这片没有生命感的寂寥中，我忽然感到了孤独，甚至一丝害怕：面对大片的死寂，我这一个活着的生命实在太孤单了，太微不足道了，仿佛瞬间就可以消失殆尽。

转山的人一定要结伴而行，否则一个人走到这样的地方，怎么可能不害怕呢？那已不是人间的路了。

后来我在日本人拍摄的纪录片《茶马古道》中，通过航拍镜头看到了这个垭口。影片其中的一部分，是告诉人们当年藏人如何把盐巴从西藏运到了云南。我在镜头中看到了一条熟悉的路线，从格布村开始的路，都是我们走过的，一直走到说拉垭口。而在说拉垭口采取航拍，是想告诉观众这一处环境的险峻，唯有在航拍的高处，才能看清它的全貌。

实实在在，当我在镜头中看见那崎岖的山势时，有些不由自主地激动，我不相信自己曾经踏上过它的顶端。

这条不似人间的路，其实已被人走了几百年，除了转山的人们，它也是来得村方圆四周通往外界的最近出路。

怎么就会那样死寂，那样没有生命感呢？离天太近，离人太远了吧。

太阳已把影子投到了半山腰，只有山顶的一部分还有阳光，我立刻意识到再也不能有任何的拖延，一定要赶在太阳下山天黑前翻过垭口去。

原本想 5 点过垭口应该是心理极限，否则下撤时间太短，便只能在高海拔宿营，若碰到降雪，就太危险了。

“还有 1 个小时，翻得过去吗？”先生问我。

我先生一路都在将就我，没有我的拖累，他会走得快许多，他这样问我，无疑也是有些着急，时间确实不等人了。

“仰望垭口的高度，我的心理预期放在了 6 点，其他顾不得想，尽力走吧。”日记里这样写道。

海拔越高，呼吸越是困难，又不得已二十步一停，停下来喘气。

“丫头，丫头，坚持，必须快点！”先生的表情又焦急又心疼，似乎还有隐隐的无奈。

先生过后责怪我还是太心疼自己，他说我若忍住喘息的极限，把那个心里难受极点忍过去，就可以多走好一阵而不停下来。他说他是这样试过了，没有问题。

我仿佛记得他是这样建议过，我没有采纳，似乎也是不敢。

越是接近垭口，路面越陡，如同垂直。“几乎无处稳脚，仿佛要四肢附着在地上才好。”日记里的句子。

说拉垭口之巅。看上去虽然有点作态，但经历了十几天的艰辛，终于即将迈过最后一道关口，那一刻的壮怀，其实是最自然的流露。

稀薄的空气中，大约最后 20 米，我终于看见了大片飘摇的经幡："靠，我看见你了，垭口！"嘴里咬牙切齿地说着，狠扬着头，眼睛跟着湿润了。

奋力走完最后几步，一看表，正好 5 点整。

原本想过登上垭口的时候，或许会大哭一场，让一路感受的所有尽情宣泄。但是没有，那会儿只是有些交集，甚至不确知是何种的交集，眼泪虽流着，却是节制地淌下来。

极目看过远处，见太阳的阴影已将近处的山峦覆盖，天色很快将暗下来，隔着墨镜将眼泪擦过，提醒自己赶紧留影。

正正地站在垭口中央，一副无畏的样子。先生按着快门，嘴里禁不住赞道："太牛了！"

然后，我与他互换，给他拍了几张，一样的位置，一样的角度，大约，也是一样的表情。

说拉，我们来过了。心里这样说。

小溪在何处流淌

这是此行的最后一个宿营地——杜隆塘牧场，海拔 4200 米。

翻过说拉垭口，我们便一心快速下撤，因为太阳即将落山，我们希望能跟上太阳的脚步，在它落山前到达 3500 米的宿营地，那样可能会有个相对安全和温暖的夜晚。

但是，太阳不以人的意志为其行动意志，终究走在了我们的前面，晚上 7 点半，天已擦黑，我们才走到 4200 米的杜隆塘，此处前不着村，后不着店，不知何处的牧民在此建立了高山牧场。

在太阳的余晖里，逆光下的杜隆塘显得格外美丽。这里有一片开阔地，溪水流淌，远处的树林里有牧民搭建的简易房屋，只是季节已过，牧民和牲畜早已离开，空旷处有个石头搭建的挡风院墙久无人居，自然景象虽美，但掩不住人去屋空的寂寞和荒凉。

因为不可能继续下撤，也因为此处余晖照耀下的美丽，我们还是略有欣喜地留下来，心想，能在海拔 4000 多米的野外宿营，未见得不是一次难得的经历。

确实很冷啊，不管在半人高的挡风墙内，我们把篝火烧得怎样兴旺，还是抵挡不住高原寒风的侵袭，加之白天 11 个半小时的行走，体力消耗很大，愈加觉得寒风中的我们有种自我激励般的坚强。

但是兴致很好，毕竟翻过了最高的垭口，毕竟只剩下 1 天的路程，那路程就是沿着山坡持续下降，大约 4 小时，走到海拔 2000 多米的梅里水村，整个转山行程即告结束。

这是在山中的最后一夜。

我先生在第 7 天经过察瓦隆镇时买了两瓶二锅头，一瓶留到了现在，扎西把剩下的土豆和胡萝卜炒了，我们围着篝火喝酒。

那也是我们一路心态最为轻松的夜晚。

我们不由得将一路的辛苦略有点评，感叹众人如何坚持着将这一路走下来，不免豪情万丈，扎西妈妈更是冲我竖大拇指：姐姐了不起！那会儿我也觉得自己很有些自豪，在此一番自我挑战中，自己赢了自己。

扎西妈妈一路上一直叫我姐姐，她的发音听起来更像叫我“吉吉”，虽然我们的儿子同岁，都是二十一岁，但是她本人小我八岁，兴许更能体会我走下来的艰难。

可惜酒不多，每人几次碰杯后就已见底。寒风中不能久坐，遗憾的是，院墙里的空间也不大，我们不能就着篝火在里面搭帐篷，只能在毫无遮拦的开阔地带把帐篷扎牢，同时希望夜晚的风力不要再大，能让我们安全地度过这一晚。

照片上的我，是在第 2 天早起不到 7 点拍摄的。那时太阳刚刚升起，先生觉得营地实在太美，叫我赶紧出帐篷留影。我也才想起，一路走下来，竟没有拍过一张在营地帐篷前的留影，平生第一次睡帐篷，还是应该有个纪念。趁着阳光还算柔和，抓紧时间拍了

几张。照片上的我看上去脸有些浮肿，颜色泛微紫，那是高原过夜在脸上留下的印迹。一个晚上都是狂风不止，大风在帐篷外吹得呼啸作响，很多时候都担心帐篷会被大风掀翻，唯恐连人带帐篷被一起卷走。空气也毕竟稀薄，一夜都不曾睡好，而且是非常不好。

早晨在旁边的溪水里洗脸，不知最低气温是多少，手在水里一小会儿，五指便不能够再弯曲——冻僵了。我的洗脸布放在地上几分钟，也立刻冻成硬纸板一块，实在是冷啊。但我还是忍着洗了把脸，头天夜里就没洗，无论如何早晨也是要洗的。

最后 1 天，我们要干净地上路。

攻略上说，最后 1 天的路程“是一段幸福旅程，从杜隆塘到终点梅里水需要 4 个小时，沿途要经过 18 座桥，一路在高山原始森林沿小溪穿梭”。

这段沿小溪穿梭的幸福旅程的描述，解除了我们全部的武装，没有任何辛苦劳累的心理准备，一心等待着幸福感受的到来。

后来发现自己过于幼稚，或者是一个路上新手缺乏经验，用现在的时髦用语，即所谓用脚趾头都想得过来，从海拔 4200 米下降到 2200 米，怎么可能是一段幸福的旅程。

“下撤的路极其难走，全是石头石块，而且路面落差很大。”日记里的句子。

路面落差大，意味着下降时膝关节承受的压力也大。那是持续不断的下降，我们此前在下撤路上走过的最长时间是 4 个小时，那似乎是膝关节能承受的极限，可那天居然走了 7 个小时。

除了膝关节及脚趾的巨大压力，因为全是石块，需要两脚在石块间择路走，因而两眼一直紧盯着地面，全然不知美丽的小溪流淌在何处，那种沿小溪穿梭的浪漫景象自然也无从体会。

“最后一段路走得这样辛苦，是我们没有想到的。”日记里写道。

这也给了自己一个经验，出门在外，凡事先不要往好处想，这样一路反而能收获更多的愉悦。现在想来，若是事先我们便以下降的常识作为那天行走的基本心理依据，一路上可能就看到了沿小溪穿梭的自然美景。心态不同，结果也完全不同。

到达梅里水 214 国道，一段刚刚铺好柏油的崭新路面，我们竟有种难言的陌生感，习惯了在石块、山坡上行走的双脚陡然踏上平地，竟多少产生轻飘的幻象。

真正到达目的地，看见久违的公路，大家都有些茫然无措，脸上不知是一种怎样的表情，没有击掌，没有欢呼，不尽然是高兴，似乎还有些许的失落。我们真正走完全程了，不再走了吗？

心里闪过出发时的阵仗，我想到我们应该以原阵仗再来一次合影。曾经为走完全程的自己做过多次素描，也许黑瘦，也许枯槁，衣冠不整，狼狈不堪。出发前的想象皆是如此。

事实上当我们站在镜头前，开车来接我们的培布在按下快门的时候情不自禁地说道：啊——笑得真灿烂！那一刻镜头记载下的我们，并没有半点自己想象的狼狈，有些脏，有些瘦，有些风尘，除此之外，与出发前没有两样。

按照照片的记录，我们于2009年10月18日下午3点，在曲登格白塔寺叩头祈福出发，到2009年10月30日下午3点42分拍摄这张照片，以作旅程结束的纪念，其间恰好是完整的13天，艰辛而完美，值得永久记忆的13天。

转过，走过，还有什么？

这既是本章的题目，也是一直盘桓在心头的问题。

在说拉垭口，我没有如自己的预想号啕痛哭；在梅里水村，也没有如自己的预想击掌欢呼。人或许就是那样，企盼得太久，为此付出得太多，当企盼的所有如期来临，生命反而会在来临的瞬间丧失感受，直到事实的撞击逐渐远去，生命才会重新体验那曾经企盼已久的实现。

记得从山中走出回到县城的那晚，给一直惦念我们的朋友发短信，那之前他们都不确切，我们最终走上了一条怎样的路。似乎可说得很多，却选择了最短最平静的句子：梅里雪山外转，全程 13 天，完成了。

虽有完成的喜悦和轻松，却也没有更多的特别。我和先生都只是默默地在宾馆房间坐着，仿佛有些魂不守舍，不知该做些什么，不交谈，偶尔说出的句子也是：今天没走，有点不习惯了。

朋友的回复无一例外激动而热烈，难以置信，了不起，甚至伟大，这些词语都是他们发自内心的感叹。

灯光柔和地漫开，窗外街道上偶有市井嘈杂声传来，隐隐约约，一切都是过往生活熟悉的情形，而坐在宾馆里的我们仍旧只是平静。

现在想来，那种平静是生命的真实状态，生命懂得自身的能量，在生命的感受里，这不过是一次平常的经历，喜悦和兴奋是人之常情，再多便是人为附加的了。

自己原想着登顶之际会痛哭，大约到那时自己对此番行为的界定还有“壮举”的意味，既然实现了壮举，一定百感交集，一定不知所措，于是痛哭会成为唯一而自然的表达。

我以为。但事实没有。

办公室的一个小同事问我：您为什么要走这一圈儿？我的回答是：“给自己设定一个目标看自己能否完成。”

真正就是这么简单，完成了一个预定的目标而已。

唯一可感的，是自己是否愿意设定一个目标，以及为了实现目标而坚持到底。有了设定的意愿，有了坚持的决心，哪怕目标超出自己的想象，只要选择坚持，生命自身会给你一个答案。

因为看电视剧《暗算》而记住了柳云龙，2010年他又导了一部电影《东风雨》，整部电影乏善可陈，却有一个场景让我为之动心。李小冉扮演的小学教师是个地下党，一身楚楚可人的小家碧玉气质，娴静娇弱，在她预感到可能被捕的时候，她极为害怕地说，她没挨过打，不知道是否挨得过。她知道日本宪兵队会对她做些什么。她的联系人（柳云龙饰）对她说，如果他们之间谁不幸被捕，最好挺的时间能长些，好让对方跑得远些。这个情节表现了最真实的人性，人是血肉之躯，人有可以理解的肉体软弱，现在的艺术创作终于走向了人性的回归，而不再凭着某一概念，把人执意刻画成非人类的“超人”。

“李小冉”果然被捕。

范冰冰饰演的国民党情报员也被日本人抓捕，日本人把“范冰冰”扔进“李小冉”所在的阴暗潮湿的刑讯室，她们之前是老相识，虽各为其主，但面对的都是日本这一共同的敌人。“李小冉”一只手被铐着，坐在冰冷的水泥地上，全身斑驳，无一处完整。

她问“范冰冰”：帮我看看我的腿还在吗？

“范冰冰”抚摸着回答：还在。

“他们把它弄断了又接上，接上了又弄断，我以为不在了。”

“还在。”声音努力地平静着。

“李小冉”似乎有些欣慰。接着她淡淡地、轻轻地、不以为意地说：“我没挨过打，打完了才知道，我什么也没说。”

一个小女子的坚强啊！一个小女子精神对肉体的最终超越啊！那一刻，我的眼泪夺眶而出。

虽然没有可比性，但我仍想说，我没转过山，没走过长路，转完了才知道，女人四十八岁也是可以走长路，可以再设定目标的。

人生在世，不是人人都有机会试探自己精神和肉体的极限，若有机会，不妨纵情一试，在探知极限的过程中获取存在的快感，了解和掌握生命的终极价值。

四十八岁是我的本命年，老熊说，本命年在藏区转山，一圈相当于 13 圈，13 是个吉祥的数字，功德圆满。

2008年，在德钦遇见乔阳，她鼓励我们完成了梅里雪山外转；
2017年，他乡再度相逢，她带我们领略别样的风景。
和老朋友在一起的时光，分秒都觉得美好。
在梅里的十三个不同寻常的日夜，成了我们生命中最宝贵的记忆。

第二部分

幸福是一种能力

女人要学会修炼自己，
让自己有好的品德，好的性格，
让自己成为一个可爱的女人，
让自己值得被宠、被爱、被呵护。

行走是生命的另一种形式

书架上有一摞书是与旅游相关的，多是希望去的和已经去过的一些地方的人文历史。比如西藏，比如新疆，比如法国、以色列等。

许多人都希望此生不工作，却捡得了一笔意外的财富，让自己能够全世界行走。我也一样。

直到现在，我去过的地方仍不算多。有些地方去过，也只是蜻蜓点水。但是毕竟，看过一眼与完全没有看过不是一回事，对那些兴趣不高的地方，看一眼也许就可以了。

但是，真的还是走得太少。

因为工作的原因，每年的假期大多无偿地交还给台里，发了狠想休假的时候，都用来旅行了。

我一直留恋在法、德等国家开车转悠的日子。那是在伊拉克战争结束后不久，我第一次体会到，换一个环境，人真的可以在另一个时空找到一种完全不同的心境甚至思维，而将自己的过去全部遗忘。那时我已经工作了二十多年，我渴望从一个职场女性的身份，转换成另一个无所事事的看客。虽然异想天开，好比画饼充饥，但哪怕只是暂时的转换和遗忘，于心境都是极好的调剂。

除了那些人所共知的城市和名胜，更让我流连难忘的，是在阿尔卑斯山脚下的农舍里度过的一周。每天早晨走上阳台，远处是皑皑的雪峰，近处是起伏有致，仿佛绒毯一般铺展开的草场。几头牛散落着低头吃草，脖颈下的牛铃远近高低地彼此呼应着，像是空谷间悠扬的乐声。那时租住在一幢三层别墅式农舍的三楼，一二层分别住着一位年老的农妇、一位年龄稍小的女房客，老妇的儿子和儿媳。每天早晨天刚亮，就听见小夫妻发动汽车和车轮碾过门前的卵石路面逐渐远去的声音。等我们稍晚出门时经过一楼客厅，总能看到老妇和她的女房客坐在沙发上吸烟、喝茶、闲谈。那一种平静、规律、自然的生活，和我们已经习惯的现代化都市生活，实在是天差地别。

从那以后我一直耿耿于怀，想象着每年都有一段日子属于另一个时空。后来幸运地做了一个绕着新疆走一圈的节目，走了一万六千公里，愈发把心走野了。比如此时，阳春三月，我想象着江南的烟花细柳，池塘中悠然自在的水族家禽，漫山遍野望不过来的满眼翠绿，还有春天里随心播种的点点希望……我又想走了。

旅行，就是在一个于己完全无关的世界里，寻找自己与这个世界的对比与联系。这种寻找并非有意，而是不知不觉，在不知不觉中完成对自我的体察与丰富，从而体验有别于习惯与日常的另一种人生。乐于这种体验的人，是对人生有更多好奇与想象的人，是能够因为精神体验而淡泊物质与利益诱惑的人。

人在旅途中会变得格外超脱、格外包容甚至善良，因为一切都

感恩节
店庆回馈
茶色花礼

雪花银工坊

与己无碍、与己无关；人在旅途中也会变得格外聪明、格外敏锐，因为一切都需要自己重新打开视界。为了这聪明善良的另一个我，以及这个我带给本我的惊喜与收获，多少人就这样着了迷似的不断上路，不断行走。

在这样的人群中，有人把行走当成了生命的一种形式，似乎生来就是为了行走；有人把行走作为日常生活的一种穿插，让行走成为间歇性的生活需要；有人对行走没有切实的需要，只是偶尔向别处看看，看到不同，便发出一声惊叹……想了想，我大概属于第二种，没有行走者超脱，却比惊讶者执着。

只要离开自己日常生活的小圈子，任何地方都是想去和可以去的。虽然十里不同风，百里不同俗，但人总希望去些更远的地方，若世上真有那种连自己想都想不到的地方，那便是最好的去处。不过我还是比较实事求是，我看重体验，只要换个地方，与不同的人说不同的话，我就高兴。

记得某年同先生一起在绍兴待了两日，在那个空气中都浸满了黄酒味儿的小城，我俩终日在街头走走停停，走累了就寻一处酒馆坐下，然后喝酒，然后微醺而归。

碰巧，那两日正赶上越剧一百周年，去了才知道，印象中柔媚雅致的越剧，发祥地竟然是绍兴。来得早不如来得巧啊，无意中闯入一个民间剧种的老家，仿佛无意间自己也在寻根问祖。因为自小就喜欢看越剧听越剧，那种意外的惊喜让我兴奋异常。而更让我惊喜的是越剧名角茅威涛正在当地领衔主演《梁祝》，而且仅剩最后一场。实在是无巧不成书，平素想看名角演戏，除了演出机会，还得时间合适，在北京演出的许多好戏，大都也只是心里想着，看成的实在不多，这次是无论如何也要看的。费力找来了票，还是很好的票，坐在剧场靠前的正中央，等着名角登场。

一个名角常常救活一个剧种。我始终认为茅威涛是现今最好的越剧演员，她在舞台上的“范儿”令人心驰神往，我有时会情不自禁地跟着她在舞台上的一招一式起伏。她总是那样恰到好处地，将你需要的情绪、情感、韵味、张力，完完整整地送达给你，一点不欠，一点不盈，让你过瘾，让你满足。看名角演戏，是可以真正懂得一个词的含义的，比如“光芒四射”。

茅威涛版的《梁祝》是新排的，舞台上的许多场景借助现代舞台的表现手法，显得华丽空灵。尤其化蝶一场，在灯光的透视下，蝴蝶竟然在舞台上漫天飞舞，如梦如幻。

当地正在举办各种庆祝活动，空气中除了微醺的黄酒味儿，就是不知从何处飘来的串街走巷的越剧水腔儿。就在住处旁边的街道上，看见十几个人在摆场子，有人已经扮戏，虽然粗糙，但透着自娱自乐的郑重。大多数都是净着脸的，穿着家常的衣服，他们并不演戏，只是一段接一段地唱。唱好了一段，先歇着，时间让给下一个，下一个唱完了也歇着，等着再下一个唱完。一遍轮过，再等着第二遍上场。他们都是住在街道里的平头百姓，约好了那天唱半天戏。戏迷中有年长的，更有年轻的姑娘。他们说，绍兴人个个爱越剧，人人都唱戏。晚上在公园的一些角落，果然看到绍兴人的戏瘾大都了得，不仅唱，还自带扩音设备，唱给更远的人听着才觉得过瘾舒服。

越剧是柔媚的，虽然不乏激越，但终究是柔媚的。往常印象里，江浙人说着吴侬软语，唱着柔媚声腔，以为那一带人的性格也就是柔柔的。去过绍兴才知道，绍兴人不仅人人爱越剧，而且人人爱喝酒。绍兴出黄酒，绍兴人家常喝的酒，是用可乐瓶在酒店里装回来的，几块钱一大瓶，餐餐在饭桌上放着。

我们在一户人家尝了一口，味道断不比北京大超市几十块一小瓶的差，还更多些质朴。绍兴人得意地告诉我们：酒有这样就很好了，花不了多少钱的。

爱喝酒，性格自然也豪爽。以前总认为那一带的人，尤其男人，白面素净，性格多偏阴柔细腻，不承想，说话宽音大嗓，豪气冲天，竟也是那一带男人的群体特征，连带着女子，大多都利落得很。江浙历来出文人雅士，过去当地文人入文社，还有个不成文的规矩，喝不过 5 斤黄酒的，自己自行回去，入社之事自不再提，可见文人也十足豪爽。

受他们的感染，我和先生除了在酒馆喝酒，竟然也豪情万丈，没有找到可乐瓶装酒的地方，便拎着一个大坛子回宾馆豪酌。喝黄酒，需就茴香豆与醉鱼，在甜绵劲涩的酒味中，才体味到茴香豆与醉鱼的妙处。平时在北京商场买到这些特产，白嘴吃了也就吃了，总不得要领。这两样东西唯有与黄酒配合着，才更显得酒是酒，豆是豆，鱼是鱼的。

绍兴人认为黄酒可以养人，常喝有益。两三日的微醉而归，使黄酒成了我们现在日常的佐餐饮品，不多，二三两，既是助兴，又全无酒意，甚是愉快。

类似这样的在一个地方待上 2、3 天，傻吃傻喝傻看，又在杭州山西等地复制过。这是较为低成本的走法，山西干脆就开车去了，随心所欲走走停停。到山西，最要紧的是把心里惦记着的几处古迹认真地看了。有个地方叫悬空寺，完全建在半山腰的悬崖峭壁上。现在看来不光是建，即使是想也需要足够的胆量。现代建筑的高大怪异早已比比皆是，而要论建筑的奇险卓绝，还是古人更胜一筹。当时我颤颤巍巍地爬上去，在那些两人便不得错身的斗室里便想，好好地，只有在这里才能安心修行吗？可见人为了磨炼自己的意志，想出了多少有悖于人的原始欲望和需要的招数，而在这样的招数实践中，又隐含了多少凄苦孤寂与辛酸悲凉，又或者，是度过艰辛之后与佛又靠近了一步的大欢欣？

坐车开车四处看过一阵，便想着该用自己的双脚走着看了。不知道这是不是旅行的必然境界。我现在的兴趣更多就在两只脚上。用脚走的最大好处，就是各处都可以看得再细些。旅途劳顿，吃苦自然少不了，但更多还应该是以苦为乐。或许乐于用双脚的人，大都有着检验自己意志的天真想法。现在白领的都市生活已经把人消磨得软软塌塌，除了被潮流裹挟着在功名的阶梯上努力攀爬，自主的精神意志和用于劳作的体力，已经不堪一击。选一个目的地，看自己能不能凭双脚到达，是否就是这一群人磨炼意志力的最好理由呢？我这样想过，而且买了行头，平日里爬着山，到时候就打算上路了。

我想，不管那是个什么地方，被自己一步一步有意丈量过，一定就是自己心中最神圣的地方了。

旅行断然是增长见识、提高心智的，另一个时空的全新体验，会作用于现实时空的诸多方面。比如去过美国，我才知人类社会竟可以获得那样的发展；去过古巴，我知道了人的快乐真的可以与物质无关；去过欧洲，我才知节制与古典的生活是多么地富有尊严……

我还想知道，在战乱与极度贫困之下，人的生命是怎样的脆弱与卑微；在远离人类文明的地方，人究竟以怎样本能的方式与自然斗争，又和睦相处……

另一个时空可以给现实时空提供答案，至少也在丰富着答案，我想，这便是旅行的真正意义吧。

与影像面对面的时光

按习惯，拉上窗帘，将家里几乎所有的灯都关闭，只留下一盏，将光线调到最暗；倒一杯红酒，在沙发上找一个最舒服的姿势，我开始与影片相守。这是我独自一人在家的时候，最乐意度过的愉快时光。

这次看的是获得2009年奥斯卡最佳女主角奖的凯特·温斯莱特主演的《生死朗读》。已经在金像奖和奥斯卡颁奖仪式上，目睹了温斯莱特获奖后的无法抑制的狂喜，以及在语无伦次的感言中显露出的真实、质朴、毫无雕饰的自然本色。“梅丽尔，你接受现实吧！”她冲着坐在台下与她同时获得提名，获得过两次奥斯卡最佳女主角奖，最近几年仍然新片不断，仍年年遭遇提名的老牌实力影星梅丽尔·斯特里普这样喊道。因为自然率真，台下响起了一片善意的笑声和掌声。斯特里普也笑了，笑得那样友好，那样真诚，让人不由得心生感叹：人性真美！获奖真好！

温斯莱特已经5次获奥斯卡最佳女主角提名。专业人士评价说，温斯莱特每次的表演都在80分以上，因而每每遭遇提名，但最终获奖者应该是那些90分以上的人。有人演一辈子电影，或许大多表演都在及格线以下，可偶有一部意外达到了90分，人家就意外地获奖了。温斯莱特不同，温斯莱特一直是个很好的演员，却始终没有遇上一个让她施展出 90 分演技的角色。她被全世界熟知，是那部票房纪录达到史无前例的《泰坦尼克号》。而我最早熟悉她，是她在十九岁时主演的由李安导演的英国电影《理智与情感》。十九岁，鲜花怒放的年龄，温斯莱特青春洋溢的脸庞生动而光芒四射。她的表演因为质朴含蓄准确，更因为散发着少女最本真的自然气息，给当时不算年长的我，留下了极为深刻的印象。

终于获奖了，意味着她终于完成了一次 90 分以上的表演。那会是一个怎样的故事，又会是一种怎样的表演？我充满了十二分的期待。

在我们的欣赏习惯中，《生死朗读》并不好懂，错过了一句台词的领会，或许就对整个剧情的推进产生疑问。

温斯莱特扮演的电车售票员汉娜独身一人，在战后德国的一个小镇上生活着。她曾经在“二战”时充当过一个纳粹集中营的管理员，在一次空袭轰炸导致的火灾中，不肯打开关有 300 名犹太囚犯的教堂，使这 300 人全部被烧死。战后，她不被察觉而侥幸生存下来。当年集中营里一名年少的幸存者，成年后在一本回忆录中，披露了这桩惨案。汉娜与其他 5 名当年的女看守一起被追捕，并以战争谋杀罪接受审判。法庭上有一个关键情节，涉及汉娜当时究竟是杀害犹太人的组织者还是协从者，这直接关乎最终的量刑。其他 5 名同案被告，将主要责任推给汉娜，原因是汉娜曾经撰写过一份报告，而这份报告决定了许多犹太人的生死。

汉娜在法庭上睁着一双惊恐无助的眼睛，极力否认她曾经撰写过这份报告，而法官表示，只要进行笔迹校对就真相大白，并当庭拿来了纸笔。只见汉娜抽搐着，挣扎着，猛然推开纸笔大声喊道：是我写的！是我写的！

在法庭的旁听席上，坐着一位法学院的见习学生米克。八年前，十五岁的米克与当时已经三十六岁的汉娜，有过一段声色恋情。他与汉娜相处的方式，除了纵情床笫，就是汉娜格外喜欢听他给她念书，并成为鱼水之欢前的必要条件。如今，米克作为法学院的学生，一直在旁听席上痛苦地关注着对汉娜的审判。但直到此时，米克才透过汉娜的举动，恍然明了汉娜深藏于心底的秘密——对书籍充满热情的汉娜，其实是个目不识丁的文盲。作为汉娜本人之外的唯一知情者，米克成了可以帮助汉娜减轻罪行的关键证人。

人性，人的尊严，这时都被推到了一个极端的位置接受考验。汉娜因为自尊，宁愿被终生监禁，也不愿当众承认自己目不识丁；米克因为那段被主流价值观视为罪恶的恋情，而没有勇气去揭示真相。最终，汉娜被终生监禁，在狱中孤清度日。

不知是对青春时代自己纯真恋情的怀念，还是对汉娜无辜受难的自责，成年后的米克开始向监狱中的汉娜邮寄磁带，磁带上全是由他朗读的各种小说。这成了汉娜在监狱中的精神支柱和救命稻草。

有一个场景让人看了格外心酸。汉娜按照录音，从监狱图书馆借来同名小说，对照着读音，在书本上辨认与读音对应的每一个字词，用这种方式开始学习认字。那样执着，那样锲而不舍。她开始识字，开始认识和思考自己。

片中交代的汉娜行为善良，十分渴望和迷恋读书，不是十恶不赦的坏人，她的罪恶是那个特定时代与环境造成的，她本人没有选择的余地，或者说，她没有选择的自觉和勇气。

作为一个一心向善的囚禁者，在关押了二十多年后，汉娜被允许释放出狱。而已经年逾70的她将回到哪里，哪里才是她晚年的归宿，这是人人都有的疑问。监狱找到二十多年来唯一同汉娜保持联系的米克，希望他能够帮助汉娜。而如何面对自己十五岁时的荒唐恋情，他是否还有勇气和必要来承担这种责任呢？面对因为自尊而深陷牢狱的汉娜，面对老迈而来日无多的汉娜，观众多么希望米克能够迈出帮助汉娜的这一步！汉娜无疑是可怜的，而米克有必要为自己年轻时的荒唐而承担一个人的后半生吗？答案并不是只有一个，米克即使选择回避也在情理之中。而艰难挣扎过后，米克最终还是选择了承担，让观众很松了一口气。但这种承担是非常有限的，仅是生存意义上的——替汉娜找到住处和工作，剩下的，汉娜明知是奢望，却又满心期盼的情感温暖，米克给予了含蓄却明确的拒绝。

彰显温斯莱特深厚表演功力的一幕，发生在探监时刻。那是汉娜与米克分开二十多年后的第一次见面，年少的男孩儿已经完全长大成人，并且身为人父，那个曾经风华正茂的女子也已经变成佝偻老妪。两人四目相对，完全不知所措。凄惶与百感交集中，嘴里轻唤着“孩子”的称谓，汉娜迟疑着，却分明又是十分渴望地，将自己的一只手向桌子那边的米克伸过去。那只手伸得那样富有情感，仿佛蕴含着千言万语：是曾经感情的倾诉吗？是对此时米克行为的感激吗，是因为长年的孤独，渴望人与人之间的亲情与温暖吗？……什么都有了，直伸得人潸然泪下。

而与汉娜期待的相反，米克只是礼节性地与那只手浅浅一握，脸上充满了冷漠，紧闭着双唇，似乎希望会面赶紧结束。在告诉汉娜自己第 2 天会来接她出狱的同时，米克站起身来准备告辞，而汉娜分明又将自己的身体向他倾斜，那是一个渴望拥抱的明确表示，可米克依旧冷漠着，一侧身，坚决地走了。

这个冷漠，把汉娜推向了死亡。

没有感情，没有亲情，监狱内外的活着又有什么区别呢？在出狱的前夜，汉娜踩着伴随她日日夜夜的录音和书籍，选择了悬梁。

电影对人性的解剖和表达是丰富和深入的。汉娜为了不让别人知道自己是文盲，为了尊严，她选择了放弃自由；而米克为了不让自己的荒唐岁月被人所知，遭人耻笑，在一个生命自由面临被剥夺的时候，他选择了沉默。沉默的代价是二十多年的惶恐不安，是二十多年的良心考问，是竭尽所能源源不断地、仿佛赎罪一般地用录音读书的方式向狱中人表达歉意和安慰。而更有一个情节，加重表现了汉娜作为忏悔者和赎罪者的悲剧：她将自己在狱中劳动攒下的 7000 多美金，托大卫转交给那位幸存下来的回忆录作者，以祈求死去人们的原谅。但那位身居豪宅的优雅高贵的女士，似乎对汉

娜的虔诚赎罪心理不感兴趣，当她知道了米克与汉娜的关系之后，便怀着一丝不易觉察的轻蔑，拒绝了汉娜的心意，并将窘迫的米克晾在一边，走了。女作家选择了不原谅，至死不原谅。

这是我看过的一部很好的电影，观看时，对人物命运的叹息，让我内心充满了伤感与压抑。尽管现实的人生比这更残酷血淋者比比皆是，但艺术的力量，或者说悲剧艺术的力量，恰是把那血淋淋无情地撕扯开来，让你愈加心惊肉跳，愈加灵魂震颤。

温斯莱特的表演是精彩的，准确而到位，获得金球奖与奥斯卡奖当之无愧。

在好电影的世界里，我从来都是幸福的，哪怕我的情感被它纠扯和煎熬。或许因为我这个人缺乏娱乐精神，我的审美从来都偏向严肃，所以那些纠缠和煎熬都是我乐意承受的，或者乐于享受的，因为那有助于我个人情感世界的丰富与成长。

同美国好莱坞标准格式化的电影相比，我更喜欢欧洲电影，其中又以法国电影更甚。法国电影擅长描写人物关系、人物心理、人物情感，法国电影总是十分耐心，不急不躁，法国人对任何不起眼的小故事都津津乐道。那种津津乐道的耐心与细致，以及由此产生的乐此不疲，是简单贪玩的美国电影从业者难以想象的，同样也是现在心浮气躁的中国人难以想象和靠近的。那样讲故事需要技巧，需要耐心，更需要自信，自信观众会听你讲。

法国电影让我耐心听它絮叨的理由很多：首先是人物的生存状态。也许是电影画面时常呈现的某种张力，电影上的法国人总显得有些神经质，这同人们一贯认为法国人拥有的优雅形象略有出入。或者说，即使是优雅，也不妨碍他们神经质；或者即便神经质了，也不妨碍他们释放优雅。这是种十分独特的人文气质，因为独特，所以才格外有趣和迷人。

我曾经在法国女人写的一本书上，看到她这样描写法国人："不少法国女人确是这样：多少有点神经质，任性、歇斯底里得有点不好对付，调情吵闹，大喊大叫……"由此看来，我认为法国人有点神经质并非没有出处。

这样的人可爱吗？不一定，但确实很生动。在他们神经兮兮的状态中，一切情感都易于释放：愤怒，疯狂，无所顾忌地相爱，无所留恋地死亡……一切都是强烈的。我经常被屏幕上的人物吓着，同中国人习惯的大着嗓门说话相反，法国人平时说话永远像自言自语，可是突然，某一个人物就毫无征兆地爆发了，机关枪似的，一句赶一句地，冲着另外一个人物大喊大叫，然后又自我安慰地平静了。

我想说，习惯了法国电影的叙事节奏，熟悉了法国人的精神特质，跟着电影导演耐心地沉静半日，然后猛地爆发，是十分过瘾的事。

看法国电影，会得到很好的美学熏陶。法国是个有着唯美传统的国家，比如电影人物衣着及环境色彩的运用，在我的见识里是独一无二的好。法国人用色彩，往往出人意料，然而又合理和谐，这需要十分高超的色彩造诣。当我在平时生活中对色彩有所迷茫的时候，或者色彩搭配陷入平庸与平常的时候，看一部法国电影就会得到很好的启示。

仍旧是一个人，把灯光调暗，这回不喝红酒，是嗑着瓜子儿，可以看好莱坞电影了。需要一份简单高兴和快乐的时候，看好莱坞电影是最好的选择之一。

尽管有《飘》《辛德勒的名单》《通天塔》《掉包婴儿》，包括这次的《生死朗读》等，好莱坞电影的整体气质仍然充满了巧克力般的甜蜜。看看朱莉娅·罗伯茨和李察·基尔的《漂亮女人》，以及《西雅图不眠夜》《闻香识女人》《诺丁山》等，有哪一出不是在人们的满心期待中圆满落幕，皆大欢喜呢？善总是战胜恶，有情人总是终成眷属，所有美好的梦都能成为现实，阳光永远照耀着大地……不管这种表达多么简单直白，多么单纯低幼，但这种表达是令人愉快的，符合人心的基本愿望，因而永远有着广大的受众。

电影本来就是造梦，既是梦，又何必不是个美梦呢？

可能是因为文化相近缺乏好奇心的缘故，在我看过的各色影片中，亚洲电影不多，尽管亚洲有为数不少的好导演，包括黑泽明这样的令人尊崇的大师，但总体从量上来看，看得还是少，所以对亚洲电影我始终有种熟悉的陌生感。

有人说，在所有的文章篇幅当中，千字文最难写。短一些的，意思可大可小，终归不必展开；长一些的，写作者也有展开的余地。唯有这千字文，不展开填不满篇幅，展开多了篇幅不够。别人向我约稿，我最害怕对方限定千字左右的篇幅，以我的文字和思维能力，我写不好这样的文章。

说这话的意思，是想表达为什么自己在闲暇时光，愿意放弃其他选择而专心致志地守着DVD看电影。电影浓缩的都是形形色色的人生故事，既是写动物也是写人生。无论这个故事是关乎一个人还是一群人，他人生命的脚步中总有一步会与自己对应，所以从某种意义上说，看电影其实也是在潜意识里寻找生命的共鸣。

对于一个好的故事，如何在两小时左右讲完，或者如何在两小时内，讲成一个好故事，这是我看电影的一个重要乐趣。前面提到千字文难写，而两小时讲述人物的一生或者一个重要片断，自然也非易事，多少导演为了如何讲故事煞费苦心。有的故事流畅自然，如涓涓细流，从创作者的心里顺流而出。这样的导演通常是内心真正有故事可讲，有情感可表达，创作对他是水到渠成的事，自然而然。我喜欢这样的电影。

一些著名导演的前期作品往往流露出这样的特质。对于一个艺术家来说，初期的创作最源于生命，源于生命本能的表达冲动。这种冲动若幸运地与讲述技巧相得益彰，便最能显示一个艺术家的大气象。我的记忆中，这样的电影往往是饱满的，从容的，不急不躁，不故作深沉，也不故弄玄虚，老老实实，本本真真，一不小心，观众就被他吸引了。

我对于那些不甘心好好讲故事，一心想着花拳绣腿的人，十分没有耐心。我认为他们已经没有故事可讲，或者他们内心已经没有可以打动他们自己的真诚。所以，他们最好的办法就是暂时闭嘴，什么都不讲，什么也不说，沉默本身更令人尊敬。

无论本着怎样的创作主张讲故事，故事都要得以成立，换句话说，被讲述的人物命运要真实可信，即使玩弄象征，也是有根有据的象征，可以理喻的象征。我是个俗人，太小众的玩意儿我欣赏不来。

我始终固执地认为，一个故事被刻意表达得九曲十八弯、难以理喻的时候，不是创作者有多么高于常人的能力和愿望，而是他的故事原本就很平庸，他想哄哄自己，也哄哄观众，他貌似个性的创作其实就是一个平庸者的假象。

艺术，最需要真诚，真诚本身就是艺术。

能否看到一部好电影，是需要运气的。大多数时候，我们可能看到的都是失望。尽管如此，我还是愿意在各路电视剧热闹登场的时候选择电影，花两小时看一个故事，比被居心叵测、一心想着多挣广告费的电视人诚心浪费你几十天更合算。如果一不小心撞上一个好故事，那我就赚了，而且赚得很多。

被音乐鼓舞的灵魂

一直希望有一套好音响。搬了几次家，在确定长久时间内不再搬移的时候，我去了音乐器材店。

曾经在一位老先生的家里听过一场“音乐会”。老先生七十多岁，退休前是工程师，终身爱好古典音乐，已进入高级发烧友行列。

老先生家房子本不大，却专门辟出最大的一间作了视听室。视听室十五六平米，一走进去，只见房顶挂满黑色布幔，墙的四周也悬着大小不一的绒毯线毯，门窗紧密，丝光不透。在一堆大大小小的音响机器对面，是两张陈旧的老式简陋沙发，老先生把我们让到沙发上坐下，问我们想不想听贝多芬的《命运》，我们说想，他便随手在几个圆锥状的CD架上熟练地找到《命运》，小心地放进机器里，自己在我们身后找了小椅子坐下，“命运”之声骤然响起……

那是我第一次在家庭视听室听音乐，也是第一次感受发烧友对音乐的狂热与痴迷。我不懂器材，不知道老先生的音箱传导出的声音属于何种音质级别，只知道置身于那样一个环绕的音效环境里，我的周身都被音乐包裹着，贝多芬的《命运》也以比以往更强烈的效果撞击我的身心。

听完，我们个个沉默不语，老先生回过神后，又找到贝多芬的

《田园》，音乐会继续……

老先生一生除音乐再无所好，老伴儿介绍说，老先生 1 天至少要在视听室待上两小时，退休以后时间更长。因为音乐的缘故，老先生空余时间都在淘碟买碟，或者不断完善机器设备，基本不去四方游走，因为四方之外没有视听音乐，老先生注定寝食难安。

再看老先生的面相，一头银发之下的面庞显得清俊超脱，很有些世外之相，当时我便想，难道都是因为音乐的缘故吗？

细想起来，我对音乐也有过一段发烧的日子。那是 20 世纪 80 年代初，我还在长沙人民广播电台工作，电台的音乐机房经常会有音乐飘出，为我们的工作环境平添了几分诗意。有一次，一个男高音的歌声，从十几米外的音乐机房穿越过道，传到我的工作间，我不禁浑身一震：这是什么声音？这是谁？！那英雄般的，拥有覆盖天地宇宙神奇力量的声音究竟是谁？我迅速跑过去，一位才从音乐学院毕业不久的音乐编辑告诉我：帕瓦罗蒂！

是这位音乐编辑在听帕瓦罗蒂。他兴奋地告诉我，电台刚刚进了一批音乐带，有世界十大男高音和女高音，帕瓦罗蒂是十大男高音之一，还有卡鲁索、多明戈、卡雷拉斯……女高音有萨瑟兰……数完之后，他急切地问我：想听吗？

之后的相当一段日子里，每逢中午休息，我都到音乐机房，戴上耳机听世界十大男高音女高音，在歌声的间隙，音乐编辑还会仔细地给我讲解，我对美声的声音概念就是从那 20 位杰出的歌唱家身上获得的。不仅获得声音概念，更获得了好声音的鉴赏标准，对我鉴赏力的确立起到了举足轻重的作用。

那是我青年时期一段美好的时光。后来我把不多的工资省下来买了唱机，再有余钱的时候就去买唱片。当时中国唱片总公司出的唱片质量最好，塑料唱片较为便宜，有特别喜欢的胶版唱片我也会买，虽然价格贵不少，但保存时间长。那时没有想过以后还会出现录音机、CD 机，只想着好唱片是要听一辈子的，再贵也觉得值得。

虽然从小也在文艺爱好者之列，但真正对音乐有所投入，真正用心听音乐，还是二十岁左右开始的那几年时光。到二十五岁出嫁的时候，我已经积攒了不少唱片，西方音乐为主，尤以西方歌剧居多。

近些年我参加过央视的一些晚会，客串唱过几次歌，听过我歌唱的人，都认为我有不错的音乐天赋，有些专业人士从我的发声判断，我一定是认真学过美声发声的，其实没有。我对声音的全部学习都来自早些年的听，听多了，对声音有概念了，顺着那个感觉去唱，多少就有些像了而已。

我一直认为，没有学音乐，没有从事歌唱，是我人生的遗憾之一。我想我会是个不错的歌者，因为我的声音，因为我的乐感，因为我的悟性，因为我为音乐投入的热情，我会走上一条纯正的音乐之路。

有了在老先生家听音乐的经历后，我便一直盼望能在一个合适的空间里，摆上一套心仪的音响，买最好的音碟，随听随开，延续我曾经有过的音乐梦想……

我不懂音响器材，却对器材心存挑剔。电台、电视台的工作

环境，培养了我对声音的高度敏感，那种好器材传导出的声音或纯净，或甜美，或丰盈，或空灵……让我痴心不已。

器材效果差异之大已经超出了我基本的判断能力，我选择相信专家。一位专业录音师问清我的需要后，告诉我可以选择英国的一个品牌，他认为，即便是音乐发烧友，选择这个品牌也已足矣。在我的认知里，音乐就是音乐，我不会为器材发烧，我只希望在自己想听音乐的时候，音箱里飘出来的声音不会构成任何听觉障碍。当然，那注定也会是好东西。

那天，在那个品牌的试音室，我和家人流连了一个上午，在三个不同价位的音箱之间反复比对。最后，选择了一款性能相对均衡的音箱，音色含蓄、温暖、丰盈、清澈，符合我偏重人声和弦乐的要求，加上价格适中，异常欢喜地买下了。

音响送来的那天，于我仿佛是节日。我把预留给音响的位置仔细擦过，把可能阻挡声音传导的物件一律清除，当做工考究、造型简洁方正、涂着赭红颜色的箱体摆在我眼前的时候，我为自己的选择大喜，太漂亮了，与家里的环境完全融为一体。

现在，我十分享受这样的时光：独自一人，将家里的灯光调至朦胧，半靠在沙发上，听音乐在耳边流淌。

每次听西方古典音乐，都会使我的心境瞬间沉静，音乐给我以严谨、理性、深刻、庄严的强烈心理感受，我总是在那样一种特别的情感氛围里，重新感受喜悦与痛苦。所谓的重新感受，是因为那种喜悦和痛苦与日常情感无关，那是一种被从日常剥离而又高度浓缩了的人类精神情感，在那种情感的对照下，日常的情感显得那样琐碎，那样庸常，那样浅白，我为自己拥有和经历的微不足道的小悲欢而惭愧和痛苦。每次听音乐，仿佛就是一次灵魂的受洗，我会因此而泪流满面，也因此而心生欢喜。

一直记得初次聆听柴可夫斯基第六交响曲《悲怆》时的震撼。因为看过柴可夫斯基的传记和传记电影，对这位音乐巨人有较多了解，在这个基础上再听《悲怆》，便愈加地陷入音乐营造的悲怆与痛苦之中。有人曾经在作曲家 1891 年的文件中找到这部交响乐的提纲，提纲是这样的："本交响曲的构思实质是表现生命。第一乐章全是表现冲动的热情、信心和渴望；第二乐章：爱情；第三乐章：失望；第四乐章以咽气为终结。"

柴可夫斯基是一个真正为了自己内心需要而创作的人。他的音乐中充满他自己生命的声音。从他的音乐里，听者可以看见作曲家真实的灵魂。

我想，人要经历了怎样的痛苦和绝望，才能表达如此深重的悲怆；人要对悲怆有怎样的理解，才能传导出如此撕裂人心的巨大力量。对照那种力量，我觉得自己平庸渺小，我为这种渺小而自惭形秽。那次有关《悲怆》的记忆于我是永久的，因为那一刻的情感体验非比寻常，只有在天才音乐家的创造中，那种庄严的情感才得以呈现。

这样的情感体验，会使我们短暂脱离庸常，而进入更本质的精神世界，逼迫我们更清醒地面对自己。在音乐世界里，我经常陷入自我否定，我会怀疑和批判自己的存在方式和价值，即我是否把自己的时间和思考都用于了有意义的创造。我对自身许多行为的取舍，通常就是在这样的自我审视中完成的，我会更听从心灵的真实需要，放弃世人热衷而我认为应该放下的东西，让自己的心灵更加自由和快乐，让自己的人生更加纯净和透明。

孔子闻韶乐，三月不知肉味。我们当然没有那样的痴迷与解悟境界，韶乐也已失传，难知那是一种怎样至善至美的音乐。但在这个物质与喧嚣的世界里，音乐，尤其是中外古典音乐确实可以给人纯净而深沉的洗礼，让人在喧嚣之中保持一份清醒和克制，一份纯粹和自然。

无穷“悦读”

今年手边放了几本书，季羡林老先生的《我这一生》、钱理群先生的《我的精神自传》、古罗马皇帝马可·奥勒留的《沉思录》，还有诺贝尔文学奖获得者、德国作家君特·格拉斯的回忆录《剥洋葱》，鹿桥先生的小说《未央歌》……书在手边，读书就成了一桩可以随时随性而为的乐事，或仔细通读，或简略翻阅，皆看你与此书有缘与否。

人在每个阶段的想法都不太一样。在我年满四十七岁的时候，最强烈的感受是，我在这世上有效工作的时间已经不多了，换句话说，社会需要你的时间不多了。按照劳动法的规定，年满五十五岁的女性应该退休，如此一算，我继续工作的时间仅剩八年。这个时间概念给了我深重的压迫感，而仅在一年以前，虽然在世人眼里，四十六岁和四十七岁的女性没有多少区别，但对于个体而言，一年的光阴足以导致许多细微想法的改变和产生。今年，我看到自己光洁的额头开始生长少许细纹，这以往是完全不可想象的。我想过自己各处的老化，比如，眼睛，面颊，腰腹，手脚等，但唯独没有想过额头，因为它曾经是那样的光洁，那样的不易被岁月摧残。而如今，额头竟然老了。

我的所有想法都是在这时候产生的，就是在剩下不多的时间里，怎样的生活对自己最有意义。或许我从来没有像现在这样，在乎活着对生命本身的实质意义。这个意义是自己真正认同的，不是源自教科书，也不是源自别人的经验，仅仅是自己的感受和认识，自己的价值判断。因为对生命的真正价值而言，一切外来的评价都没有意义——你知道自己一生是如何活过的，你知道自己为什么而快乐。人活一世，最终感到快乐和知足应该是最完满的境界，只要这种快乐和知足是真实的感受而非自我欺骗。

今年看的书，多是回忆录性质的，这同我的人生感受密切相关。有人说，一旦人进入回忆，说明这个人老了。这话当然不无道理，年轻人是不会有回忆的，要回忆也仅是就某个具体事情而言，不会回忆人生。但我并不因此而拒绝或惧怕回忆，因为回忆使人清醒，尤其中年的回忆，多数是为了清醒的未来而做的准备。换句话说，只有进入中年，人生过半，对人生的思考才有力量，才更接近自己理解的生命意义。这时对生命意义的理解，可能就是自己对生命终极追求最清晰的打量。

在几位老先生的回忆录里，我看到了让我羡慕的人生轨迹，而让我最为感佩和感慨的是季羡林老先生的一生。相对于季老先生一生沉湎于治学的纯粹，我们绝大多数人都活得过于花哨，在花哨的生活中奢侈而无谓地挥霍着自己的年华。这个认知让我产生了一种深刻的痛苦：对年华的挥霍无异于对生命的轻薄，而我们还企图在这种轻薄的挥霍中博取虚名。而短暂的一生，可能就被这样的轻薄和虚妄托浮着，变成一片随时间之河而流逝的浮沫，了无痕迹，也了无意义。反观季老，因为纯粹，他获得了他能在今天的中国获得的所有荣誉，包括那些与他自己内心相悖，也看似花里胡哨的各色桂冠。这些浮名于他或许全无意义，以至于他不得不郑重声明，推拒他自认无力也无意承担的各种名头，但是，社会终于在他即将走完一生的时刻，不问情由地用各种荣誉、名头把他推上神坛。除了当今社会浮躁的造神冲动，和过于功利的某种目的之外，这些纷至沓来的荣誉，却也从反向证明，季老一生对学术的纯粹和执着，在这个时代是何等的稀缺。

我仔细盯着季老先生晚年的一张照片，九十多岁的老先生宛如赤子。赤子可以有两种解释，一丝不挂是赤子，目光清澈无邪也是赤子。在这个世界上，只有初降人世的孩子，才会以本能而无邪的眼神打量世界。孩子的眼睛是最高像素的摄像机，摄录的都是真实。面对如此本能的孩子，我们不忍欺诈，我们更不敢伤害。照片上，季老先生的眼神，就是我们不忍也不敢欺诈或伤害的赤子的眼神。沧海桑田一生，能够使人回归赤子的，便是人的某种纯粹，或者因为纯粹而产生的一种心安。

一幅从赤子回归赤子的图景，诠释的是人生的全部美好。季先生在书里以深情的笔墨写到他晚年与 3 个小丫头的相遇。季先生之所以深情，是因为他以一种明知的疑问，向人们道出了 3 个小丫头对他看似无由的喜爱。这种喜爱被老人看重，并惊喜万状。小赤子用本能向老赤子靠拢，老赤子亦用本能与小赤子交融。这种人生图景诠释的也是人生的美丽。

当然，季先生的赤子之心，并非如真正的幼儿那样的自然状态，而是以其一生的思考和修养而进入的自由境界。而在通往自由王国的路上，读书与思考往往是唯一的路径。

古罗马皇帝马可·奥勒留的《沉思录》中有这样的句子："我们应当在我们的思想行进中抑制一切无目的和无价值的想法，以及大量好奇和恶意的情感；一个人应当仅仅使他想这样一些事——当别人突然问：你现在想什么？他都能完全坦白地直接回答。"换句话说，人的所思所想必须能够随时随地公之于众。这样的思考，无疑必须同时满足两个标准——善的、有价值的。

这句看似平静的话语，给了我极大的震撼，甚至令我无地自容。扪心自问，我们有多少思绪是根本不能与人分享的呢？那种不能分享的心理活动究竟包含了多少自私、自扰、无趣，直至无聊的内容呢？马可·奥勒留的这句话，几乎成了我的精神良药，当自己进入不能与人分说的思绪，立刻会有一个声音从远处出现：停止，思考有意义的事情吧。这样的提醒，未必一定能帮助我脱离凡俗，走向崇高，但至少可以让人对一种崇高而富有意义的生活保持敬意。

对《沉思录》的喜爱几乎无法用言语表达，它成了我的枕边书，一本随时可以打开的书，一本对精神而言永远不会厌倦的书，一本一生都可牢牢依傍的书。

互联网时代，读书几乎成为一种即将进入记忆的古典情怀，80后、90后的新新人类，似乎也越来越习惯通过手机和电脑在线阅读。但我依然固执地认为，只有舒舒服服地将自己安妥在一个舒适的角落，手捧着一本“纸书”才叫读书。纸张的触感、油墨的馨香，和白纸黑字、天头地脚等共同组成的那种叫作“书”的物质存在，仿佛才能真正唤醒那些文字所承载的文化。

我知道，这只是一种习惯和固执。但就是这些未必有什么道理的习惯和固执，构成了我们每个人与他人不同的人生。所以，我准备继续固执下去。

幸福是一种能力

记得还是二十多岁的时候，同原先单位的同事聊天。同事叫老夫子，年龄同我现在相当，或者再小些，但头发已经全白了。因为出身旧时的官宦家庭，文质彬彬，也因为早生华发，大家都叫他老夫子。

不知同老夫子谈到怎样的话题，细节过程已经忘了，只记得当时自己说了句结论性的话语：幸福是一种能力。我记得当时老夫子的反应有些意外。那时说到幸福，舆论大都说幸福是在“对理想的追寻里”，等等。从我的结论看，我同老夫子谈到的一定是个人在生活中，究竟如何才能幸福的问题。

在当时的语境里，那是一个很特别的表达。为什么会是能力，而不是运气等，老夫子觉得听似有理，但要以结性的概念来接受似乎可以再斟酌。

这么多年来，我一直坚持幸福其实就是一种能力，换句话说，不是人人都有能力让自己获得幸福。这个能力究竟是什么呢?

偶然在电视节目里，看到作家陈屹在谈自己的新书，书名好像是“不是男人的错”，或者“男人永远没有错”。书没有看过，节目也是从半截看的，听陈屹在节目里的表达大约是，很多事情，错不在男人，要改变的应该是女人自己。我当时听了颇为会心，她的说法同我提到的“幸福是一种能力”其实有相当暗合的成分。

我的先生有时会以玩笑似的口气问我：我为什么会这么爱你呢？我说为什么呢？他说因为你可爱呗。

我在先生眼里的可爱，用他的话说就是漂亮、聪明、善良。先生说，女人都希望被男人看重，被男人呵护，但是凭什么让男人呵护你呢，你得值得呀！

说到这个值得，我想说说我的婆婆，很长时间以来，我一直想找机会写写她，那是个把值得做到极致的女人。

我的婆婆是中央美术学院的教授，事业上很有成就的雕塑家。婆婆的前期作品有多件已被中国美术馆收藏，有的作品还作为中国政府的礼物，永久展示在别国的主题雕塑公园中。

按照公认的美人标准，婆婆并不算太漂亮。看她年轻时的照片，扎着小辫儿，朝气蓬勃的，属于气质很阳光、长得很舒服的那种女性。

从我接触婆婆一家开始，我一直关心一个问题：作为女人，婆婆并不漂亮，也不擅长任何家务，除了自己的雕塑，婆婆似乎什么都不懂。那么，究竟是什么让她赢得了丈夫一生无微不至的呵护，又是什么让她获得了全家人的尊崇呢？

拉开架子写婆婆的一生，需要太长的篇幅。她痛苦漫长的右派经历，锲而不舍的创作精神，都是不容丢弃的写作素材。所以，我只能回复到女人的层面，而婆婆在这个层面展示的内涵，恰好可以印证幸福其实就是一种能力。

婆婆不漂亮，但婆婆有种很优雅的意蕴，那种优雅体现在人前就是始终善意的微笑，始终从容不迫的举止，始终不卑不亢的处世态度，还有说话时始终的柔声慢气。

这种优雅至少有一部分源自于她从小的家教。婆婆的父亲是20世纪20年代的留美博士，母亲也是燕京大学的毕业生，据说父母对她的教育最强调的是“事业心与报国志”，奉行一种民主与开放的教育理念，同时又极为看重传统，方式有时甚至是严厉的。

她的父母从来没有像训练阔家小姐似的，训练过她的言谈举止，恰好在这些细节上父母采取了粗放的态度，他们崇尚自然的形成。所以，婆婆的优雅没有任何外在的人为训练的痕迹，她的优雅是内在的，更多来自她对人生的一种理解和态度。恰好在这点上，无论是她父母的早期教育，还是她个人的后天努力，都始终秉承了一种积极进取、坚忍不拔、尊崇自然、宽容豁达的标准。

这种由里而外释放的优雅是令人尊敬的，它因附着在美丽的人格之上而更加富有光彩和质感。

婆婆特别可爱。她喜欢敞亮的人，女性尤其如此。她认定的敞亮就是不计较，不琐碎，不唧唧歪歪。比如，她的一个学生，原来常年跟在她的身边。那学生不算好看，体格粗壮，脸蛋红扑扑的，透着任劳任怨的健康美。学生性格开朗，不拘小节，说干活就干活，说着话就咧开嘴大笑，哈哈哈哈，婆婆总跟我们夸，她喜欢这样的女孩子。先前婆婆担心我是否敞亮，因为我的职业会给人一

种误解：多是非，多纠缠，多矛盾，包裹着脂粉，使人容易走向狭隘。后来她发现，徐俐是个干净敞亮的人。先生告诉我，在她对女性的评价体系里，这已是很高的评价了。

因为婆婆敞亮，所以同她相处特别轻松，特别舒服。你真的不用担心她计较什么，因为她从来不计较。比如，我突然想起一件东西其实婆婆用更合适，我不必担心婆婆会计较它的新旧，她一定会顺着你的意思想：孩子们给我，一定是孩子们觉得我更合适。她会非常高兴地接受。所以给她当儿媳妇是件特别愉快的事。

婆婆对任何人都心怀善意，至今，我没有听到婆婆说过任何人的一句任何闲话，她一生没有这样的习惯。这说起来简直不可思议，一个人怎么可能对任何人都心怀善意呢？但在婆婆身上的确如此。这样的与人为善是有磁场效应的，而且是强大的磁场效应。通常和婆婆打交道，人会不由自主地有一种向善心理，随着她的感觉走，也变得亲切与友善起来。

因为一心用于创作，婆婆对自己非常马虎，吃什么穿什么全听别人安排，在她嘴里是绝对听不到脂粉一类话题的。但是，千万别以为她不女人，她是艺术家，她有很高的审美品位，所以出现在人前的婆婆总是体体面面的。我前面说过，婆婆很优雅。

对自己马虎的人，总是在关心他人，婆婆的关心体现在每个生活细节上。她说：心里有别人就会关心别人。有次我们说到吃葡萄，有种说法认为先挑大个儿吃的，是乐观主义者，不计后路如何；先挑小个儿吃的就是悲观主义者，总担心未来。我很得意地认为，我是乐观主义者，我总是先挑大的吃。婆婆有另一种解释，她认为先挑大个儿的是利己主义者，心里只有自己，不顾及别人，葡萄不总是一个人在吃啊。她认为先挑小个儿的人是心里有别人的人，凡事总会为别人着想。我心里一怔，觉得婆婆的理解角度也很成立，自己便很惭愧。

婆婆毫不吝啬对别人的赞扬，那种赞扬一定发自内心。有一次，我接到婆婆的电话，婆婆说："我要好好地谢谢你，昨天我居然听到威威（我先生）唱歌了。威威给我的印象一直不敢在人前说话，从小就是。昨天看见他唱卡拉 OK，简直让我意外极了。我知道这是你鼓励的结果，所以我要好好地谢谢你。"听得出婆婆很感慨，也许儿子从小的不善人前表达，已经让做母亲的很发愁了，而且那个印象一直没有改变。如今看到儿子的转变，做母亲的自然心生欢喜。婆婆的肯定和表达，对我这个儿媳来说是受用的。所以她说的这段话，我一直清晰地记到今天。婆婆当然不曾预料，日后，他的儿子还能走上电视，作为电视新闻评论员，面对着千万观众去侃侃而谈。

婆婆在专业上很强，她做事不顾一切，高度投入，但在很多方面又很弱。如今婆婆已经在全家赢得了老太君的称号，在全家人的眼里，婆婆是个超级宝宝，从上到下，从老到幼，婆婆讨得了所有人的尊重与呵护。我说的所有，并无半点夸张与粉饰的含义，是千真万确，实实在在的。在家人的心里，老太君的意愿和要求永远是第一位的。她从不轻易表达要求，表达了大家一定会满足；或者不等表达，大家就先做了。女人做到这个份儿，就只剩下幸福了。

不过以我的观察和理解，有些方面婆婆确实弱，比如柴米油盐酱醋茶的事儿，她永远弄不明白；而有些时候则是婆婆在有意示弱，这恰好是婆婆作为女人的聪明之处。能在事业上有所成就的女人，通常在大的层面都比较清醒，所谓做大事，判大势，这种能力会给男人相当的压力。所以，适时地示弱应该是女性在家庭生活中的聪明选择。不可能有全方位都优秀的男人，你的示弱就是对他所欠缺的最好体恤。装傻、示弱，女人其实并不损失什么，用示弱可以换来和谐，用示弱可以给予男人更多的自信和安全感。男人大都幻想过这样的豪迈：身为男人，玉树临风，宽阔厚实的臂弯里偎着小女子，不管何时何地，小女子都大无畏地跟着男人勇往直前。这是一个很有原始质感的画面，很美，也很和谐。但在这幅画面里，需要女人很好地配合。男人会本能地寻找小女子，而大女子也要把自己嫁出去，嫁完了还要过得好，而好的一个重要前提就是学会适时地示弱。再次强调，示弱其实并不损失什么。示弱的结果就是男人觉得自己很强大，示弱者藏在男人强大的怀抱里享受呵护。这样不好吗？

我的先生经常情不自禁地叫我一声“小可爱”或“小东西”，这个称呼同屏幕上的我自然大相径庭。当然，没有无理由的存在，屏幕徐俐当然是徐俐某一精神特质的真实呈现，但和屏幕徐俐怎么过日子呢？

其实装傻是很愉快的，先是装傻，以后就真傻了，好比长期不说话，语言功能会退化一样。我的独立生活能力原先很强，现在不仅我先生，恐怕连我自己都觉得，离开了他，我的日子大概好不了。依赖他，需要他，是我现在给他的真实感觉、责任感连同他对我的情感，使他尽其所能，对我呵护备至。

当然，有些能力是一辈子都不会退化的，有谁听说过，会骑自行车的人，长久不骑了就果真再也不会骑了呢?

没有什么可担心的。

女人一生都希望被宠，被爱，被呵护。我列举婆婆的长处，是想表明女人首先要修炼自己，让自己有好的品德、好的性格，让自己成为一个可爱的女人，让自己值得被宠、被爱、被呵护。我相信，这也是男人一致认同和真心希望的。

聪明的女人往往是最傻的女人，最傻的女人常常又是最可爱的女人，最可爱的女人很少不聪明的。

所以，幸福是一种能力。

巧妇与巧为

“忙吧，啥时候聚聚，来我家吧，做几个菜喝点小酒呗。”对好朋友，我会这样打招呼。

现在中国社会，人们已经很少在家中做饭请客了。二三十年前因为生活水平低，人们只能在家中请客，而现在因为去得起饭馆，所有熟人朋友间的交道都安排在饭馆进行，虽然省事省心，却少了朋友间的亲密与随意尽兴，天长日久，朋友间总觉得少些什么。

构建良好的人际关系，家宴或者家庭聚会是最好的沟通方式之一。

现代的人们之所以不愿意在家中宴请，一是没有时间，二是怕麻烦受累，三是担心饭菜质量有失体面，四是唯恐照顾不周，得罪朋友。

所有这些对女性而言，都是一个必须面对和掂量的问题。

我想表达第一个想法：女人最好会几个拿手菜。

越来越多的女性以不会做家务而自豪，这是一个莫名其妙的想法。过去我们生活水平低，家务劳动是每一个孩子成长过程中无法逃避的，而少数家庭因为地位等原因，家中长年雇有家佣，不会家务成了这类家庭的孩子的一个特殊标识。于是，不管是出于何种原因和心理，不会家务成了尊贵女性的标签，越来越多的人乐于标榜

自己不会家务，仿佛都成了豌豆公主，生来便与众不同。

而且现在社会有一个倾向，即使是非常简单的清扫等家务劳动，都愿意花钱请人来做，别人不做，自己绝懒得动手，这样的行为是非常没有道理的，应该称之为懒惰。纵然中国劳动力便宜，使中高收入阶层具备雇人做事的条件，但这绝不等于从此女性就可以把不会家务视为理所当然，并堂而皇之地坚持。西方许多高学历的标准职业妇女，回家以后仍承担大量的家务劳动，在劳动中使家庭产生更多的健康与快乐。

“有品格的女性就是不做家务、不做扫除、过着奢侈的生活——这样误解是不可以的，阔太太、千金小姐与有品格的女性是两码事。有品格和有钱与否无关，重要的是拥有自己去经营有品格的生活的能力。”

这是我在《女性的品格》一书中看到的一句话，作者是日本的一位资深外交官，社会活动家，对她的观点我深以为然，故抄录在此。

我更愿意把现在的不做家务之风看成中国社会成长与发展的一个阶段或过程，用金钱买得轻松与方便，成为许多人都可以享有的便利。但在体验过富裕带给自己的心理感受，尤其在劳动力不再便宜之后，人们终究会自觉地意识到，简单劳动是人之必需，而且是非常自然和美好的事。

可以这样说，当想和家人吃顿简单晚餐的时候，想和朋友在家里悠闲地放松一下的时候，能够毫不费力地、利用现有的原料迅速做出美餐的女性，实在是太有魅力了，说明这种女性具有经营好自己生活的实际能力，这种能力会使自己的家庭生活富有情趣，温暖而甜蜜。

现在的电视烹饪节目和书籍都很多，如何备料，如何烹制，关键点在何处，说得清清楚楚、明明白白，只要自己乐于学习，乐于实践，掌握几样拿手菜是完全做得到的。我个人认为，会与不会，仅取决于意愿，因为这并不是多么困难的事。与其标榜不会做家务，倒不如炫耀自己的拿手厨艺更容易让人产生好感，而且记忆深刻。我希望人们能重新建立这样的认知：不管身份如何，会家务、会做几样好菜的女性是值得欣赏和赞美的，男性为了家庭生活的自然和谐，应该把会做拿手菜的女性作为择偶的一个因素加以考量。因为事关生活品质，有品格的女性应该学习并拥有这样的生活能力。这同把女性赶回家庭，成天围着锅台转不是一个概念，各位不必误会。

虽然好厨师需要悟性，但一般意义上的好吃真的不太难，一些食材的原味就已经很好，稍加调制便可以上桌。即使像样的大菜不会做，会煮几种汤也相当不错。在家宴上，餐前汤常常会成为最受欢迎的食物，男女老少无不喜欢。老母鸡、乌鸡、猪肉猪骨、羊肉等，同萝卜、莲藕、山药及少量中药材一起炖煮，都可以成为既美味又营养的好汤。即便其他菜品简单点，哪怕就是一些速成食品或外卖，只要有一碗好汤垫底，加上一些下酒的小菜和点心，一顿家宴就不会太糟糕。重要的是，家庭聚会的气氛和情感是其他场所不能代替的，女主人应该有构筑这种情感的能力。

我的第二个想法是：组织家庭聚会并不难。

一年在家中聚会三五次，时间应该不是问题，也麻烦不到哪里去，关键是有没有这样的意愿。如果觉得标准中餐太麻烦（常常菜做好了，人也累坏了），客人又多，可以中西兼顾，比如，拌一大碗沙拉，一大碗凉面，炖一大碗肉，等等。现在人们的口味适应性很广，也没有多少人一心一意就是为了美味才赴宴，重要的是交流和友情。我多次在螃蟹上市的时候，请朋友来家吃蟹，螃蟹就黄酒、一点花生米和荤素凉菜，再炖一锅好汤，备一些甜点，朋友通常都是酒足饭饱，十分惬意（螃蟹不是人人爱吃，请客之前务必问清楚）。

如果希望聚会更有气氛，可以事先拟定一个主题，比如礼物交换等之类的小游戏就很有意思。我的婆婆是个很罗曼蒂克的人，她的家庭聚会形式之一，就是礼物交换。人人备一份小礼物，用包装纸包好、标号，放在一起。然后做好对应的纸阄，各人抓阄按号换取对应的礼物。不管交换到的是什么礼物，大家都十分开心。后来我把这个聚会游戏推广到我的团队聚会上，大家也觉得这个形式很有意思，都乐于参与。

第三个意思是：做一个受欢迎的客人。

如果就是哥们儿聚会，那就怎么随便怎么来，怎么舒心自由怎么来，这样的聚会是最开心、最轻松的。不必在意着装和礼节，平时的亲密关系已经将这些繁文缛节完全过滤干净。

如果不是此类聚会，有些社交性质，那么体面讲究的着装，一份小礼物都是必不可少的。礼物可以是送给女主人的鲜花，一瓶红酒，自己觉得不错的食物，比如餐后点心，或者绿色无公害的粮食和蔬菜产品都可以，我个人觉得这反而是非常贴心的礼物，因为吃得着用得着，实实在在。

聚会时要乐于与人交谈，即使平时有些言谈羞涩。不必非等到别人找你交谈，你再开口说话，这样会让人产生不好沟通的印象。话题可以是热播的电影、电视剧，天气，某个流行现象，等等。你乐于参与，不被冷落，主人才会放心和开心，否则，你就成了一个麻烦人物，让主人时时费心挂念。当然，我们的家庭聚会不同于西方的社交聚会，这样彼此不相识的客人是非常少的，如果偶尔遇到这样的情况，请提醒自己，尽量做一个让主人省心的客人。

相信爱情

有次，同传媒界的几位同人闲聊。在加勒比海边，大家难得聚首度假。一色的沙滩装扮消解了往日的岸然和拘谨，赤诚相对之下，心态颇为涣散和悠然。耳边是轻柔的音乐，大家频频举着手中的红酒，闲聊之间不乏真切。我突然问：各位都是业界精英，事业已经很成功了，不好意思，爱情呢？各位相信爱情吗？这是一个试图打破人际交流阻隔的提问，在自由的氛围里，尤其在浪漫的加勒比海边，可能它是个好话题。我建议大家尽量坦率回答，但也可以保持沉默。

他们都已年过四十，大多在媒体界身居高位，对自己的爱情，他们选择了沉默。有的说，老实承认，这真的不好回答。但对是否相信爱情，基本上每个人都答道：相信！当然相信！语气相当地郑重和真诚。

那样毫不犹豫地说出“相信”二字，多少让我感到意外。我以为这世上真正相信爱情的人已经很少了，因为充耳听到的都是解构爱情的玩世论调。就现实的行为而言，我们也看到了太多的不恭。不是女人从这张床跳到那张床，就是男人家里红旗不倒，外面彩旗飘飘。记得电影《泰坦尼克号》上演后，全世界的观众仿佛都被作者诠释的浪漫爱情打动，我办公室的一位同事鼻子一哼：那也叫爱情？！不屑与鄙薄溢于言表。现在人们还看重爱情的什么？为什么那么多人面对爱情完全无力？相信爱情的地久天长吗？

提出问题本身是否就已经老朽？抑或不与时俱进？或者现在的人生就活出了一个毛病：越看重什么，越解构什么？

并不是所有人都认为我同现在先生的组合完全合情合理。最初包括我的家人，认为既然我已经下决心从过去的生活走出来，就应该为自己选择一个更好的归宿：至少别让自己继续辛苦，想放弃想休息随时可以退出“江湖”，去过另一种闲云野鹤的人生。而男人应该有能力为我提供这样的人生。

那时，我来中央台四年，原先同我挤在同一间集体宿舍的同行，被一辆大大的林肯车接走，去美国享受自在人生了。那年她三十四岁，临走时她说，累了十多年，不想再累了，后半生想换个活法。

有一个相貌平常的女子问我：为什么那么多的漂亮女人一定要嫁给有钱人？我说，这大约也算资源的平衡分配。漂亮是一种资本，男人如何获得这种硬性资本？需要同样的硬性资本交换。男色从来都不是男人的硬性资本，虽然男色现在也开始进入市场交换，但归根到底，男人的硬性资本还是钱或权。这是一个已被广泛接受的社会共识，人们正按照这个所谓的价值共识，在进行男女之间的资源组合与分配。

过去几十年，中国社会均贫富，嫁个好人、强调人品是社会的共识。即便如此，那时的漂亮女子还是以嫁个小干部为荣，过去的权力虽然发挥不了现在这样大的市场作用，但权力同样意味着地位，同样是硬性资本，同样也进入交换。

问题还在于，不仅漂亮女子，相貌平平的姑娘也做着同样的打算。我曾在网上看到一篇文章：手把手教你如何嫁给有钱人。没有资本拿什么交换呢？据说对某些有钱人而言，女人不漂亮也可以，只要是省长千金一类的，能在生意上助他一臂之力便可以接受。

在现今这样的社会共识之下，婚姻的选择究竟遵从怎样的幸福标准，成了所有女性面临的共同课题。

记得 20 世纪 90 年代中期的一天，我同靳羽西聊天，她当时郑重说出的一个观点给我印象极深：女人一生最重要的是选择，一切都源于自己当下的选择。在羽西看来，除了不能选择出身，其余的一切都是可以选择的，对知识女性尤其如此。羽西四十岁选择来中国开拓事业，事实证明她的选择无比正确。我没有同她讨论过她的爱情，相信爱情对于她也只是个选择问题。

怎样的选择决定怎样的人生。

当我遇见他的时候，我正处在青春的末端，虽然算不上青春洋溢，但由于我业余时间又习芭蕾，又做运动，整体状态相对于同龄人似乎要更好些。

我承认，我是个对年龄异常敏感的女人。记得二十岁生日的时候，我的日记里写满了告别青少年时代的话语。印象深的是自己提醒自己：二十岁以前犯错误别人或许原谅，二十岁以后则不，你是大人了，别人不可能也不应该再原谅。在那个时候，我把二十岁定位成真正的大人。而事实也一如我的认知。

三十岁的生日，我选择独自一人坐在酒吧，坐在一个昏暗的角落里，满腹伤感。或许我在哀悼青春的逝去。年过三十，无论如何已不再年轻，不能再被称作年轻的女子，对这个名号的逝去，女人值得花一个夜晚去伤感。

以我现在的心态，着实再难描述三十岁的心境。只记得年过三十，日子就飞似的快起来了，快到自己心惊肉跳，快到什么都来不及细想。那几年，业务上已经小有收获，“徐俐现象”正在业界盛行，我似乎可以略为放松一些，借此仔细想想自己的生活，还有自己多年摇摆的情感。

想的结果，就是自己搬出来，一个人生活。

对我过去的生活，我心存感激。我的前夫及一家人在我的事业上给予了无条件的支持。记得在决定是否进京的问题上，孩子的爷爷坚定地说：去吧，儿子交给我们你尽管放心，虽然不如你教得好，但冻不着、饿不着，怕什么呢？两位老人现在都已八十多岁，年年春节我都让儿子回长沙陪老人。儿子六岁以后，再也没有同我这个做妈妈的一起过过春节。我不得不承认，生活有时没有办法，感激归感激，婚姻是婚姻，当日子细腻到必须以分秒来感受的时候，有些分秒就跳不过去了。

曾经去看过一次老人，面对年老的他们，面对喊了多年爸爸妈妈的公婆，当时我忍了又忍，还是禁不住泪流满面。老人并没有多说什么，好像什么都不曾发生，婆婆甚至还寄希望于我们可以复合，而我心里知道，这一次离开就是永久地走了。走了，断然就不回头了。

说到调整自己的婚姻，我有个基本观点，即女人最好不要拖到三十五岁以后。我第一次意识到记忆力的衰退大约就在三十五岁，当时的感觉沮丧至极。无论多么自信的女人，自然规律的告诫都是实实在在的。而且，除非你异常杰出，男人终归要找的是女人，男人的自然属性决定了他想找的一定是尽可能年轻的女人。你可以认为他们没劲，但你没办法改变他们这一天然的身心趣味。

在我还不到三十五岁的时候，我已经听到多个比我年长的女性朋友告诉我，三十五岁是个坎儿，记忆力衰退，身体长赘肉等，这些在年轻的时候根本不用担心的生理特征都会依次呈现，一旦出现就再难有回调的余地。年龄到了！她们都是这样感叹的。

怀着这样的感叹开始一种全新的生活是需要运气的。相对于二十五岁，三十五岁的选择余地已经很小了，如果你还真正渴望爱情的话。

我这样说，并不是否定年长者之间可能的爱情。我从来都认为年长者的爱情应该无比纯美。前一阵子看黄宗英女士和冯亦代先生之间的情感书信，书名曰《纯》，着实让后辈羡慕和感动。“娘子，亲亲你，抱抱你，吻吻你，爱抚你，恩恩爱爱的小宝贝……”冯老的信就是这样开头了。真好。

寻找对等的匹配

我在年轻的时候，希望自己的丈夫具备导师功能，告诉我如何读书，如何思考，如何与人相处，如何寻找属于自己的未来。那是一个一心求上进的女子正常的心理和情感需求。那时候真希望能有人领着自己明确地往前走。问题在于，能被自己认同为导师，并且还能够喜欢的原本就少，到哪里去寻找这样合适的可能呢。

现在，也许是经过历练，也许是生活让我懂得，我倒更希望自己和丈夫势均力敌，旗鼓相当，那种保持着张力的组合关系，也许就是两性当中最稳固的匹配关系。

我和我先生在一起的最大乐趣，就是我们互为谈话对手。我们似乎什么都可以谈，什么都谈得来。我们一谈常常就是半夜。家里经常买有雪茄，那是为他在和我谈话的时候准备的。经常，在都下了夜班之后，我们会喝点红酒，就着奶酪、坚果等零食，坐在床上，边喝边聊天。那是我们相处最愉快的时候。聊到起兴，他会抽支雪茄，而雪茄烟味儿恰好是我喜欢的。不知为何，我不喜欢平时人身上的烟味儿，但我喜欢雪茄烟味儿四处飘散的感觉。尤其是初夏潮湿的黄昏，在室外，雪茄烟飘在青草和树叶上，很好。我们家里现存的雪茄有一多半是我特意为他买的，包括古巴最好的 Cohiba（高斯巴）。

能够互为谈话对手，其实要求两个个体质量相当。这个相当应该是全方位的。可以各方面相似，也可以各方面互补，全部组合在一起就应该是相当。

他比我理性，擅长分析，这是我乐于向他学习的地方。他有时很冷，冷到骨子里头，在冰冷的骨子里，睁着他的第三只眼。批评家需要这样的冷静。这些年来，我的理性表达能力确实在增强，无论体现在书面，还是显露在口头，这都得益于同他的交流。而我的感性特质也能给予他意想不到的启发，他会因为我的感性而获得格外的欣喜和乐趣。我和他的共同点在于，都有极好的直觉。在对事物的判断过程中，理性和感性还没到，直觉已经先一步到了。幸运的是，不是他只有理性而缺乏感性，也不是我只有感性而缺乏理性，只是两相对比之下，他更长于理性，而我更长于感性罢了。因为这样的先天配置，因为各自积攒的兴趣爱好相似，连同相同的价值观，我们的谈话能在一个比较接近的状态中展开，在一个基本等同的能力层面展开。

寻找对等的匹配，其实就来自我同他的生活实践。

我有一个女友，在她还漂亮的时候嫁给了一个有钱人。女友漂亮，但并不丰富，一眼看过去赏心悦目，看多了便发现那两只眼睛的空洞。丈夫年岁稍大，是个风趣又野心勃勃的男人，他们之间最初的平等建立于金钱与美丽容貌的交换。起初还好，有佳人在怀，看得出男人的自豪。在可以确定的女人的青春时段内，他们之间基本保持着等值的关系。然而当眼神的空洞随着容貌的衰减愈加空洞时，等值的平衡关系被打破，男人开始寻找外遇。

我的女友当然痛苦，万分痛苦，她觉得她的一生已经没有希望。听完她的哭诉，我一方面同情，一方面硬着心肠，用近似冷酷的口气问她："你觉得先生最在意你什么？"

女友似乎没有仔细想过这个问题，想了半天回答不上来。她问我："是我的漂亮吗？"

"你觉得呢？"我陪着她叹气。

剩下的话我不可能再说，再说就太让人伤心了。

我不是给她的先生有外遇找理由，外遇只是婚姻不平衡时出现的状况之一，我关心的是婚姻关系不平衡的问题。

我不能指责女友什么，她没有错，她还是一如过去的贤淑，也一如过去的善良，只是她先生最在意的容貌不再光鲜了，这是没有办法的事。有男人说，世上最残酷的事情之一，就是看到美人迟暮。迟暮的美人着实让人心酸。况且，漂亮不意味着有趣，同一个有趣的女子相比，漂亮女子经常就是苍白的。用什么可以弥补容貌衰减造成的婚姻不平衡呢？女友是否一开始就意识到，容貌是她同先生能够抗衡的唯一资本呢？

我和先生也经常谈到这类话题：什么情况下，人才会最大限度地减少外遇而保持爱情与婚姻的纯度？想来想去，除了忠诚于爱情这些形而上的理想之外，彼此的在意和关系的平等制衡，兴许是最有效的了。

因为平等，可能才会格外在意，谁也不能够轻易伤害谁，谁

也伤害不起谁。平等意味着谁也难以离开谁，同时，谁也都离得开谁。这样的离开，伤害是对等的，伤害也是巨大的。为了避免这种残酷的伤害，人在寻找外遇的时候，也许会多一层制约，多一点顾忌。除此之外，在很多时候，道德根本形不成制约力量。

我知道，我在这里处心积虑地说明，关系对等是阻止外遇的可能办法，在有些人看来几近可笑：有婚姻在，这年头外遇算什么？问题是，外遇是要伤害婚姻的，而我总觉得在现如今这种浮躁得莫名其妙、几乎让人羞愧的社会风气过后，人们总该认为爱情和婚姻是值得认真对待的一件事，那点神圣感迟早会在心底再度泛起。近期在杂志上看到一个女明星对媒体说，对爱情都不执着，人还有什么可执着的。哦，平时对她的戏没感觉，看到她说的这句话，立刻觉得这女子还是蛮可爱的。

寻找对等的匹配，不要寄希望于道德感的约束，我尤其主张女性在寻找婚姻匹配的时候，能找到和对方平等的最大公约数，这是自己给自己购买的最安全的保险。我们确实不能寄希望于别人。你要不漂亮，你就别要求对方太漂亮；你要没钱，也别要求对方太有钱，否则凭什么呀。除非你能找到可以与之换算的东西。

在过往的众生里，我把萨特与波伏娃的关系理解为我描述的平等与制衡的关系，那种关系虽历经风雨，但最终在精神层面，他们牢牢地拥有对方，而精神的拥有是这两个优秀男女之间最本质的拥有。死后，他们合葬一处。在巴黎，我走到他们的墓前，站了许久。

理解到这种平等的重要，双方就会共同努力，让婚姻关系始终保持一种张力。在很多关系中，有张力存在的时候，关系恰好是最稳固的，一旦张力消失，稳固也随之被打破。

我理解的平等制衡的婚姻关系，同传统男强女弱的婚姻关系明显相悖。而在传统的婚姻关系里，生产出了太多的怨妇，我不喜欢看到怨妇。在那样的关系里，女人只能寄希望于男人的善行与良知，那终究不靠谱，所以，我也不主张那样的婚姻关系。

芸芸众生里，还是寻找同自己最匹配的人吧。高了低了，都会把自己累着。

第三部分

美丽是自己疼爱自己的方式

我们的美丽不是为了求偶，
不是为了他人的赞赏，
我们有责任展示生命的美丽，
那是我们应有的生命尊严。

美丽是自己疼爱自己的方式

我经常同先生开玩笑：仔细我到八十岁还有人追噢，别人迷不了，八十二岁的老头没问题噢。先生也凑趣，故作咬牙切齿状：你敢，看我怎么煮了你。我更来神：老太太有什么不敢的，活到那岁数，修成个绝代佳人不说，一定还有纵横天下的色胆儿，谁怕谁啊。哈哈——

虽是玩笑话，却透出我另一重心思：不管我活到什么岁数，一定美丽到老。这也是我长久以来的想法。女人有各种老法，而我，只希望能优雅地老去。

我曾经说，女人年过二十五岁不再谈青春，年过三十五岁不再谈年轻，年过四十五岁，无论曾经如何花容月貌，就不再谈姿色。但女人可以永远谈美丽。

我还说过，二十岁活青春，三十岁活韵味，四十岁活智慧，五十岁活坦然，六十岁活轻松，七十岁就成无价之宝。

美丽女人也是无价之宝。

不知什么原因，从整体来看，中国女人似乎缺乏美丽到老的信心和追求。我对年老而依旧美丽的女人的记忆，大都来自外国女人。比如年老的奥黛丽·赫本、戴尔·海顿等。而在法国，年老仍旧风姿绰约的普通女性比比皆是。

有次，我在法国一条著名的时装街上买鞋，在试鞋的当口，发现椅子的另一边，有位年龄不下七十岁的女士在试一双极精致时髦的细高跟儿鞋。鞋面是金色的，浅浅的鞋口，窄窄的，秀气极了。我当时想，天哪，老太太怎么还有心穿这样的鞋呀，不怕崴脚摔跤吗？

再看那女士，一身讲究的装扮，挺直上身坐着，跷着二郎腿，穿上新鞋的脚随小腿向前伸展，左一下，右一下，变换着新鞋的角度。随着小腿的变换，女士不断歪头侧身，腰身也随之扭动，优雅地这边看看，那边瞧瞧，活像个摩登的妙龄少女。看着她，我竟忘了试自己的鞋。

这是我第一次在生活中见到如此优雅的老年女性，身材苗条，气质高贵，而且挑选着装时不考虑任何年龄阻碍。我想象，挑选那样一双鞋的女士，一定有一颗不老的诗心，或许她就是她这个季节的玫瑰，正诗意地绽放着。当时我想，女人要有一副怎样的心态，对人生要有怎样的追求，对做女人要有怎样的认识，才会到老了还有这样惊人的风姿啊？

年长女士挑鞋的场景像一颗钉子，深深地钉在了我的脑海里。

我不喜欢中国人意识里的一种东西，比如，见到某人状态不错，最常用的评价是：哎哟，都这岁数了还这样，真不容易。这岁数怎么啦？仿佛在人们的审美意识中，把美丽与美好只先天地赋予年轻人，年龄稍长，仿佛就不该美好，也不能美好了似的。在这样的群体意识下，女人年过四十，甚至更早，自己也接受这样的心理暗

示：老啦，不行了，讲究也没用，讲究了也没人欣赏，自己还齁累。

为什么年轻的时候爱美，年长一点就可以不美，就不想美了呢？就因为已经过了求偶阶段，不再需要向男性张开孔雀的羽毛，就可以无所用心进而彻底无所谓吗？那女人究竟是为自己而美，还是为男人而美，女人真的就只是为悦己者容吗？

另外，面对曾经的美丽，我们容易伤感。有心理专家说，有些女性的心理危机就来自对自身年龄的恐惧，年轻时讨厌男性轻薄地挑逗，而当男性再也不关注的时候，心里的失落会导致严重的自我轻视。很多女性的放弃就是从这样的自我轻视开始的。

很早，我也想过这样的问题：当男性的目光从你身上茫然掠过的时候……你会怎样？

对于一贯受瞩目的女性，这是一个难以回避的问题。它触及的是一个很本质的点：我们究竟为谁而活？

中国女人在整体上放弃自己太早了。

我们的美丽不是为了求偶，不是为了他人的赞赏，我们有责任展示生命的美丽，那是我们应有的生命尊严。我总觉得，女人是世界上最美的风景，男人经常把世界搅得惨不忍睹，很多事情我们没有办法，但至少，我们可以让风景这边独好。我不喜欢因为我们自己过早地放弃而让男人嫌弃我们，女人的放弃有时特别可怕：无节制、无道理、无理性，那种放弃给了男人 N 多个理由，有时会让他们毫无障碍甚至带着某种快感地咒你：老女人，可恶！我们要做的是永远保持挺拔的身姿，永远干干净净、智慧得体，我们要保持这样的资本，对那些挂着啤酒肚，油光锃亮、脑满肠肥，脸成天喝成酱肝色，边剔牙边露出志得意满无耻相的男人说一句：男人，请收起你的蠢相！

从自然生理角度，男女之间其实是有生物竞赛的，不是你美丽得看不起他的丑陋，就是他赢了你而看不起你的放弃。随着整体生活水平的提高和受教育程度的提高，相信会有更多的女性越来越注重自身长久的美丽和魅力。这点无比重要。

中国女人没有法国女人幸运，她们的审美文化认为，四十五岁的女人最美丽。对一个注重女性修炼和女性魅力的国家来说，法国人认为，女人只有到了这个年龄段，因为职场历练、人生经历、经济基础各方面的积累，才会从里而外散发出一种成熟、沁人心脾的魅力。这种由长久历练而产生的修养和魅力，饱满，厚实，耐咀嚼，耐欣赏。

法国女人比中国女人幸运，但法国女人也比中国女人用心。正是这种用心，缔造了法国社会对女人的审美文化基础。这点，中国女人要向法国女人学习。

我们终生都要学习，学习是美丽成长的基础。走到今天，我比任何时候都想放弃所有，重新开始学习。学习一门语言，学习一门专业，学习自己曾经感兴趣的实用技术等，我希望这种学习能使生命变得更加完美，能让生命以完美的形式走到尽头。

美丽需要高质量的生命体验。当现在的社会越来越喧嚣浮华的时候，我总问自己，什么才是美丽人生最本质的需求。那时，我的心会变得异常安静。美丽人生首先是自己喜欢的重自我体验的人生，当自己看重内心美好体验的时候，我们的心灵会自觉摒除多余的杂质，腾出更多的空间。那种空间是提高我们生命质量的所在，是我们修炼美丽心灵与身体的所在。那时候，喧嚣与浮华是可以视而不见的，剩下的就是重视美丽生命的自己。

美丽其实又是实实在在的。它是劳累之后立即洗净的那张脸，是走出厨房之后擦满护肤霜的那双手，是临出门前涂上口红的那瓣唇，是走路时傲然挺起的那副腰身，是面对各种诱惑的那份节制，是人群里永远恰当的那抹微笑，是面对荣辱永远镇定的那副神情，是……

美丽永不言弃。它需要自己对自己多一份关心，多一份要求。每每想到这方面，我的精神会为之一振，腰背会下意识地挺拔起来，我的学习与健身过程都会因此快乐无比。也许，会有朋友说，相对于外表，我更愿意注重心灵，心灵的美丽才是更本质的美丽。我赞成，其实心灵美丽是所有美丽的基础。问题是，有了内在的美丽，为什么不让外在的所有都一起美好起来呢？美丽是我们的责任，是我们疼爱自己的方式，不管我们曾经遭遇什么，我们都要对美丽永不言弃。

那一只优雅的天鹅

2008 年北京奥运会上中国礼仪小姐的高雅身姿，相信给世人留下了极美好的印象。面向全世界，她们是那样亭亭玉立、自信亲切、温文尔雅、不卑不亢，如同开幕式上展示的千年文明古国深沉高贵的人文气韵，一副大国礼仪之邦的文明风范。

谁都想象得到，礼仪小姐的绰约风姿，由严格艰苦的训练而来。

我的一位同行，曾经以体验采访的身份参与了她们的训练。同行对我说，她仅练习了一个多小时，便腰酸背疼、手足麻木，完全难以坚持。

同行说，为了有一个挺拔的站姿，礼仪小姐每人头顶一本书，两腿关节间夹住一张纸，每天至少站一个小时。为了书本不滑落，头部必须端正挺直，纹丝不动；两腿间的一片纸也只有被双腿牢牢夹住，才不至于飘然落下。如此一来，从头颈部、背部、腰部、臀部，到腿部，必须全部用上力量，才能完成那样一个漂亮的站姿。那样的站姿充满了自信与挺拔的力量，同时又兼具开放和优雅的文明气度，配合温婉含蓄的微笑，必定是赏心悦目的。

人体的任何美好姿态，其实都是通过训练才得以拥有。

在众多美好姿态中，我格外在意和赞赏颈部的线条和姿态，在女性人体美中起到的独特作用。

人体的所有姿态中，没有哪一部分是独立存在的。细心的人都会注意到，凡遇弯腰驼背、臀部后坐的人，必然配合着向前探出的头颈，才能保证重心落在双脚，以保持身体的稳定。反之，即使你没有受过任何的形体训练，甚至已经形成不太良好的体态，但只要你有意识地挺直脖颈，必然连带着挺直腰杆和胸膛，以致整个躯体都为之一振。

曾经看到一幅俄罗斯油画《马车上的夫人》。年轻的贵妇人双手相握置于双腿之上，端坐着上身，戴着插有一支孔雀羽毛的貂皮帽子的头微微向上抬起，脖颈线伸展着。夫人双唇微合，双目半闭，视线朝着下方的某一个地方，表情宁静。画面的整个色调幽暗、华贵，人物的矜持高贵之气扑面而来。当时我的感受是，若没有那向上伸展的脖颈线条，年轻贵妇人的气质必定大为逊色，而那脖颈线作为一个优雅高贵女性的固定影像深深植入我的脑海，至今不忘。

实际上，拥有一只"天鹅般"颀长、挺拔、优雅的脖颈，一直是西方文化中对女性，尤其是高贵女性的基本要求。为了达到这样的要求，严格的训练自然必不可少。同时，利用服装的辅助作用，制造对比、夸张、衬托等视觉效果，以加强脖子的"惊艳"效果，也是西方女性礼服的基本设计原则之一。无论是袒胸露背或深开至胸的大 V 字领，还是鸡心形的项链、在耳旁摇曳的耳饰，以及高高向上盘起的发髻，其基本的功能，都是让脖颈显得更长、更直、更优美。至于微微扬起的下巴和尽量下沉的双肩，更是为了配合这套装备而必须具备的基本功课。

不过，尽管受到同样的重视，但不同文化背景下的女性，对脖颈的“优美”标准，还是有着不同的取向。

很久以前在书里看过的，说是过去上等妓院里招来的雏妓，年纪十一二岁，接客前的诸多学习，除了琴棋书画，一项必不可少的形体训练，就是头顶一碗清水跪地，点上香烛。香烛约莫燃烧两个时辰，香烛灭了，雏妓们才被允许站起。

十一二岁发育没有完全，训练什么都是来得及的。头顶一碗清水，为的是让脖子方正直立而不能有少许倾斜，稍有倾斜，碗里的清水注定要洒落，洒落了清水，老鸨妈妈是铁定要罚的。每天两个时辰的训练，天长日久，习惯成自然，脖子渐渐修长了，头部的姿态也随之雅正了。

这个训练的场景后来在巩俐主演的电影《画魂》里找到了实证。《画魂》是根据旅法画家潘玉良女士的生平事迹拍摄的，巩俐饰演的角色就是潘玉良本人。潘先生小时曾被卖到妓院，老鸨对她的训练之一便是前面提到的头顶一碗清水。我还记得巩俐在影片里的扮相：长长的辫子，高高的滚着花边镶着盘花扣的立领儿，头顶清水倔强地跪在地上。

那年月女人上衣的领子都很高，比张曼玉在《花样年华》里的旗袍领子还高。穿着这样的高领，无论脖子长短，下巴一律像是被领子“托”着。经过严格训练的脖子，却又刻意地埋进领子，似乎不太合理。但偶尔看到民初时代的老照片，发现无论烟花女子还是

良家妇女，高领托腮，竟是那个时代普遍的时髦。而在高领的遮掩、对比之下，女子的下颌自然地呈现微微内收的姿态。脖颈挺直、下颌内敛，大约正合东方社会男性眼中完美女性的意蕴。

至于日本女性，国人的最初也最深的印象，大约来自抒情诗人徐志摩的名篇：

最是那一低头的温柔

恰似水莲花不胜凉风的娇羞

…………

低头，几乎已成日本传统女性最显著的体态特征。而日本女士和服那刻意向后裂开的后领，不但露出一弯敷了白粉的后颈，而且因领子与脖颈之间的相对关系，使和服包裹下的日本女性，天然地具有了一种低头弓腰的体态。这种在男权背景下略显病态的美感，不但被日本男人津津乐道，甚至也成为自《蝴蝶夫人》以来，许多西方艺术作品中最现成的“日本符号”。

以上所有对女性脖颈之美的强调和赞美，似乎多少留有传统男权社会对女性赏玩和苛求的痕迹。但我以为，越是身为自己身体主人的现代女性，越是应该为了自己心中对美好的向往，而在意自己的一切，包括体态。在这样的在意中，脖子是最重要的内容之一。

此外，在全球一体化，实质是全球西方化的现代社会，女性体态美的标准，也日益接受了西方标准。换句话说，源于西方传统的“天鹅般”颀长、挺拔、优雅的脖颈，已经成为全世界现代女性的普遍标准。于是，挺直脖子、抬起下巴、沉下双肩，应该成为我们时时提醒自己注意的要诀。不信你可以试试，当你以这样的姿态走上街头时，一定会觉得胸更高、腰更直、脚步更轻快，并因此而觉得自信、明朗和健康。

至于究竟如何获得包括优雅的脖颈在内的美好体态，大概需要注意以下的几个方面。

首先，脖子的姿态究竟以何为美？前伸、后仰、左右歪斜自然都是要不得的。常常说到的“亭亭玉立”，首先就取决于脖子的挺直。脖子最好挺直柔细，扭转端正自然，不猥琐，不操切，不鲁莽，温文尔雅为最上。无论是点头之间，还是摇头之外，姿态注定都是讲究的，否则优雅之风必定大减。想象一下奥黛丽·赫本，想象一下费雯丽，想象一下芭蕾舞者那天鹅般的美丽长颈，我们就知道什么是优雅的脖子了。

与脖子相呼应的是肩部的姿态，端肩与耸肩都有形容猥琐之嫌，缺乏磊落坦荡之态。有人一紧张就本能地端肩，如果有这样的毛病和缺点，应该有意识地加以克服。深呼吸，双肩下沉，脖子挺立，试试……

现在有大量的美容产品用以维护女人的脖子，因为同脸部一样，脖子常年暴露在外，极易衰老。我倒建议，除了精心维护脖子的肤质，使之少生皱纹、少露青筋之外，更重要的还是把对脖子的姿态训练融进我们的日常维护之中。多仰头，多伸展，想象自己就是一只丹顶鹤，顶着鲜艳的红冠，骄傲地挺立着。也请试试吧……

有一个动作，于我已是习惯。双手在身后十指相握，稍用力下压，抬起头尽力后仰，意念中使自己的后脑勺尽量贴近背部（我现在可以做到二者之间的角度小于九十度）。这个动作可以使脖子的皮肤充分伸展，肌肉紧实，没有双下颌，效果很好。

女人理想的脖颈围度应该少于面宽的四分之三，理想的脖颈长度应该不少于头长的二分之一。还有一种说法，从脖子的品相可以判断一个人的出身贵贱。这其实是一种阶级阶层的划分：劳动者长年低头劳作，挑担、头部负重等，脖颈容易短粗歪斜，而有闲有钱阶层常年风花雪月，脖颈不受外力摧残，线条自然曲直柔顺。我想，我们无法选择脖子的先天条件，有人或许过粗，有人或许过短，但无论我们拥有怎样的脖颈条件，脖颈姿态是每个人都可以选择的。只要我们充分认识到脖子在整个人体姿态中举足轻重的作用，就会像精心修饰我们的脸部一样，一丝不苟地对待我们的脖子。

方正地、直立地挺起来，文雅地左右转动，现在就开始吧……

用柔和的声音说话

1天，照例去爬香山。正是树叶渐红的时候，爬山看景的人不少。沿山而上的石级自然顺着坡度，有些地方看起来有四十几度倾斜的样子，无论上下人们都走得不快。一路上总有人在聊天，几个老人在讲故事，津津有味，在一旁听着，才知他们是为一个电视剧的结尾各抒己见。还有不少爬山者带着自家的狗，各品种狗的嬉闹又使主人间传递着看似热闹实则可有可无的话题。忽然从石阶的高处传来一个高亢锐利的女声，哈哈哈地笑着，声音极响亮。抬头一看，见一微胖的三十多岁女子正与错身而过的熟人打招呼。女子的身边是另一位较她年长的大妈。又见女子飞扬着眉眼对大妈说："哎哟呃，我跟您说，她说话可细声细气了，听着特舒服，特有修养。人家可是高干子弟，不过跟您说，这高干子弟可是挺有教养的……"

女子的声音很大，上下传出去几十米。没有听全她的意思，不知道她说的那个高干子弟是谁，既然说话细声细气，大概是个女的。女子因为高干女子说话柔声细气便觉得人家特有修养，但一点也不妨碍她把自己说话的声音传出几十米去。我当时觉得这个景象颇为有趣。总体来说，我对说话声音尖利的女人保持惯有的警惕，这种声音传递的形象是泼辣、蛮横以及特有的神经质。有这种声音的人有时也是热情的人，但这种热情有时会令人无法消受，只有躲避才能令听者安心。那位石阶上说话的女子便是。看相貌和气质，女子是个热情而质朴的人，但她声音的无遮无拦甚至肆无忌惮多少有些搅扰我，让我觉得自己的某处领地受到了侵犯，只有赶快躲开她才能清静。

女人的声音到底以何为美，这是仁者见仁，智者见智的问题。一些传统小说描绘女人形象，提到女人的声音常用声如莺啭之类的词，可见莺啭之声是深得部分人喜爱的，尤其是男性。我这里讲到的只是我个人的审美，或者集合了某部分人的审美共识。

记得看英国前首相撒切尔夫人的自传，其中描述她如何在竞选之前和竞选过程中训练自己的声音。撒切尔夫人天生一副细高的小嗓，她自己和她的竞选团队都认为，这样的声音缺乏自信和果敢的力量，也缺乏深沉、安稳与含蓄的魅力，总之，那不是一国首相该有的声音，也不是一个有教养女士理想的声音。

作为一个从事语言和新闻工作的专业人士，我知道声音是可以训练和改变的，我也知道这种训练是艰苦而非一蹴而就的。事实上，撒切尔夫人卸任后，有一次来到中国接受央视记者的专访，我在采访素材带里听到了她大段的讲话录音。坦率地说，她的声音彻底把我征服和迷住了。

她的声音沉稳和缓，含蓄委婉，完全一副柔和的女中音音色，同时口齿高度清晰，配合有节制的面部表情，理性、尊严、雍容的

一国之君形象立现眼前。

她在自传里没有用太多的笔墨描述她是如何训练自己的声音的，只是把改变声音这样一个事例，作为她个人非凡竞选毅力的有效说明。她说，她知道自己的声音不理想，便请来专业人士辅导，让专业人士告诉自己什么才是理想的声音，如何才能发出理想的声音，于是自己每时每刻，只要开口说话，就按照专业人士的建议练习。我不知道从她开始决定参与竞选，到竞选结束宣布胜利，撒切尔夫人到底花费了几年时间训练自己的声音，但她用一个活生生的事实告诉所有人，声音是可以改变的，她做到了。

我相信撒切尔夫人不可能像专业院校的人士那样，一字一句地训练自己的吐字发声，她可能更多的是改变自己的说话习惯。比如，把声音放下来，用中低声区说话，把自己的细高声区彻底关闭和废弃，然后做到节奏分明，口齿清晰。

撒切尔夫人在政坛素有“铁娘子”之称，我由此而想象，一个操着尖利高音的铁娘子一定是让人不安，也许是令人生厌的；而有着柔和沉稳音色的铁娘子，因为声音的入耳和尊严感会使形象大为改观，其形象即使仍旧不够亲切，至少也不再那么咄咄逼人。

普遍而言，女人的声音最好宽厚、柔和、含蓄、温婉，音量大小适中。我想强调的是，也许有人一生对声音都没有概念，也没有意识到声音是形象的一部分。只有建立了声音的概念，我们才可能找到努力和修正的方向。

还记得在少女时代读过女作家张洁的小说《含羞草》。小说描述男主人公每天去公共汽车站坐车，每天都在同一时间碰到一位并不太年轻的女子。久而久之，男人对女人的一切有了想象。女人不算漂亮，但耐看，气质典雅，像是读了很多书的样子。女人上车从不与人争抢，不管车内多么拥挤，女人都是默默地站在一隅，安之若素，气度超然。女人的一切在男人眼里几近完美，男人于是开始想象女人的声音。男人想，千万别是那种尖细锐利的声音，那种声音肯定令他窒息，他认为女人只有在失去理智的时候才会发出那样的声音。正想得出神，汽车一个急刹车，全车人前俯后仰，男人站立不稳，一脚踩在了女人的脚背上。男人忙不迭地道歉：对不起，对不起……女人静静地回头，用一副淡然的口气吐出三个字：没关系。

女人的声音含蓄、低沉，略微有些喑哑，像是被薄云遮住的初升的月亮，朦朦胧胧，可又轮廓清晰。男人大喜：这就是我最爱的声音啊！

…………

接下去的故事，各人想象便是。我只想说，女人的声带条件各不相同，于是其声音也有各种色彩，但总体而言，自然、本色的女声，其实大多偏于尖细。加上传统社会赋予女性的社会角色，使其注意力更多地偏于细碎。所谓“三个女人一台戏”之类的俗语，就是对这种声音和兴趣组合而成的场景的嘲讽。与之相对，所谓有修养的声音，必然是一种经过有效训练和“管理”的声音。随着教育水平的提高和社会角色的转变，职业女性必然对自己的举止和声音进行有效的约束，使其符合某种标准和规范，按照这种规范进行的自觉约束和训练，就是我们所称的修养。本文开头写到的那位在山道高声闲聊的女士，用尖利、高亢的声音，称赞着另外一位女士的低声婉转，确实是一个奇特的场景。不过这也说明，对于何为有修养的声音，其实有着相对普遍的共识，只是有些女性未必能够自觉地训练和约束自己的声音而已。

因此，训练自己拥有一副有教养的声音，同样是女性自我修养的重要组成部分。这种训练任何时候开始都不晚，只要我们提醒自己，用自己认为舒服好听的声音说话，坚持下去，就会有收获。

请试着做到以下这几点：

不用过高过大的声音说话；

不用太过急切的节奏说话；

不用犹犹豫豫的方式说话；

不用暧昧不清的态度说话；

最后，尽量用中低声区清晰平和地说话。也请试试吧。

不能够的随心所欲

女性一生或许都会面临发型的困扰，比如，什么年龄段留什么发型，什么是流行的发型，有没有终身适合的发型，等等。

有人可以让发型成为她一生的标志，比如靳羽西。羽西从 20 世纪 80 年代初进入中国，人们看到她的第一眼，她就留着那个著名的童花头。二十年后仍是如此，直到这两年见到她，才有了一个新模样。羽西曾经兴致勃勃地告诉我，她每天如何打理她的童花头。羽西的发质很好，发丝粗细均匀，发色黝黑光滑，富有弹性。羽西说，她每天早起洗头，为了让头发看起来蓬松灵动，她吹干头发时头部向下，让吹风机直接吹向发根儿，然后用手指稍作整理，头发便有型有款。她还曾当面向我示范，从洗头到发型打理完成，大约十分钟。我发现她的发型之所以容易整理，主要依靠发型的修剪。羽西没有烫头，头发吹干的模样就是最初发型师修剪的模样。所以她说，她的头发大约五周修剪一次，一直由一名固定的发型师打理。

像羽西这样二十年如一日保持一个发型的人极少。对于羽西而言，她的坚持，是因为她找到了一个特别适合她的东西，那几乎成了她的专利。因为名声在外，再有人留与她类似的发型，都会被冠之为“羽西头”。而维护专利是要付出成本的，羽西的成本就是一成不变——喜欢的人永远喜欢，不喜欢的永远不喜欢。对于别人的判断，羽西似乎毫不在意，她仅仅认为：适合自己就是最好的。

我有一个发型也曾留了十年。对女人而言，十年是一段不短的光阴。最初在屏幕上见到我的人，大约还记得我那长过耳际的大卷发，那也几乎成了我的标志。在屏幕上留大卷发，在那年月我是唯一的一个。之所以那样，也是因为适合。

有人可能觉得一生都没有找到适合自己的发型。我认为问题可能有这样几个方面：第一，自己不知道什么才是适合自己的发型；第二，发型师没有能力帮自己找到适合的发型；第三，不断变换发型师，永远处在不稳定的寻找当中；第四，消极放弃，懒得尝试和寻找。

抛开是否流行这些因素不谈，适合脸型和自身气质是选择发型的首要标准。这方面的教科书似乎不少，大量谈到的都是脸型与发型的配合原则。那些原则是普世而正确的，我们每个人都应该掌握。相比之下，更难掌握的还是气质与发型的配合。

羽西为什么认为自己适合童花？我见到羽西的时候她已经四十出头，早已过了传统意义上的童花时代。从脸型上看，羽西属长形脸，童花头的齐眉刘海对脸型起到有效遮挡作用；脸颊两侧的发型弧线，恰好在脸的两侧勾勒出美人沟似的脸颊造型，使羽西略显扁平的脸型看上去更加立体。更重要的是，羽西虽然年过四十，但任何同她接触的人，都感觉不到她年龄的存在。她灵动的眸子时时闪耀着青春的光芒，大笑起来如少女般可爱动人，加之身形苗条，周身弥散着烂漫如花的气质。而这种气质与童花头之间是那样的协调，使她的整个人看上去更加妩媚，或者说，是童花头为这种气质锦上添花。这样的成功案例不少，只是羽西太有标志性，以她为例，大家更容易沟通理解。

如此看来，我们要切实了解自己的气质，或干练，或妩媚，或素淡，或强烈，或时尚，或保守，或浪漫，或刻板，或顽皮，或天真……无论哪种气质，都可以在发型中找到进一步的诠释。

接下来的问题：如何寻找。

好的发型师，如同好的厨师、好的裁缝，是需要天赋和才华的。发型师在过去被称为手艺人，通常跟着师傅学几年，先是打杂，然后逐渐上手，学满出师，再独立操作，但能不能修得正果，则全看个人的悟性与造化。

现在的美发屋遍地开花，许多从业者都还处在谋生阶段，在这些发型师手中，我们是难以得到我们所需要的创造性结果的。所以，在经济条件允许的情况下，应尽可能去寻找有敏锐观察力和判断力，有丰富表现力的发型师。

确定了发型师，我们还需要有一份耐心。换句话说，一旦确定，就不要轻易变换，因为发型师对你需要一个熟悉了解判断的过程。除非顶级发型师，一般情况下，很难一次造型到位。

在与发型师沟通的过程中，不妨把自己各个年龄段的照片，自己不同风格的造型照片，自己最为欣赏的别人的造型照片，都拿给发型师；也不妨多向发型师介绍自己的职业及职业环境，爱好及消费程度和范围，甚至自己的社交圈子。这些都能帮助聪明的发型师帮你确定发型风格。对于发型师而言，一次造型不成功非常正常，他会期待有第二次修正的可能，多修正几次，大家就可能找到一个满意的结果。所以，同发型师合作，耐心是必需的。我们大都有这样的经历，经常听到身边的人抱怨：昨天去剪了头发，糟透了，再也不找他剪了，太不靠谱了，等等。我想说，即使是非常好的发型师，也需要你的耐心和理解，除非你碰到了一个天才。

那么，什么时候变换发型呢？

有人随心情而变，有人随职业而变，有人随季节而变，有人随潮流而变，有人随年龄而变……

在这些变化中，最容易失败的当属随潮流而变。比如这几年流行直发，便有许多人不惜使用离子烫，将卷曲的头发硬生生拉直。许多人都相信直发相对于卷发显得更加年轻，但对有些人而言，天生适合弯曲线条的气质，直线上脸反而毫无生气，更显苍老。所以即使选择更加年轻的直发，也要因人而异。

再比如染发，当我看到几乎人人都染发的时候，我便知道所谓潮流的深度可怕。有些人不懂得发色与肤色的对应关系，别人染什么自己就跟着染什么。比如乳白肤色适合暖色系漂染，而青白肤色则适合冷色系漂染。同样是红，棕红为暖，紫红为冷，分别适合不同的气质与肤色。许多发型师也一知半解，跟着潮流向客人一味推荐。另外，有些人的长相其实非常东方，发丝漆黑如墨，她只要展现自己的原生态就是最好的造型，可是，今天金黄，明天紫红，发质几经漂染已经枯如干草，看着实在可惜！

不管什么发型，一旦发质出现干枯状态，便没有任何美感可言。柔顺、光滑是对发质的基本要求。如果出现干枯，我们宁愿放弃任何造型，哪怕清汤挂面，也应该等到发质健康之后，再做烫染修剪造型。

一般来说，三到五年，因为皮肤和肌肉松弛的原因，人的面部结构会出现些微的变化。也就是俗话说的，脸部逐渐下挂。仅就规律而言，脸部越是下挂，发型就越应该上行。所谓上行，是指发型的发量重点开始走向头顶方向。头大显小，就是这个原因。一位雕塑家告诉我，她在做人像的时候，如果想使人物看起来年轻，她会把人物脑门以上的部位做得稍大一些。她说，婴儿刚出生的时候，脑门以上的部分占了全脸的一半以上，随着生长，脑门比例逐渐变小，看起来也逐渐成熟。“婴儿定律”是值得我们认真参考的。从这个角度说，长发是年轻人的专利。随着年龄的增长，耳部以下部位的发量应该逐渐减少。

这也算改变发型的一条基本原则。

还有一个参考依据就是全身的比例关系。上身长和头部偏大的人不宜留太长的头发，最好不要过肩。因为夸张了头部的比例会使全身看起来更不协调。人要寻找的是整体美，整体和谐才是美的至高境界。我要强调的是，在发型效果中，头发的长与短为第一视觉效果。确定了基本长度后，再确定基本修剪造型，是染是烫再作进一步考量。这是较为安全的做法。

有一点我必须说明，没有人可以做到万变，人人都有限度。曾经的所谓“百变女郎”“千面女侠”等说法，都是出于演艺需要而人为造出的各种效果，不是每一种效果都美，都适合，仅仅因为被造型者敢于解放自己，敢于用惊人的效果示人而已。

否定了万变，不等于不提倡个性。中国的政界有一种奇怪的现象：所有的女官员基本保持同一发式，无一例外。她们选择的发式，就是吴仪女士留了至少二十年的发式：基本没有长度，整体发型走向向后梳立。吴仪女士的干练与洒脱有口皆碑，那种偏中性的发式与她的气质脸型十分贴合，其他人则未必。为什么选择同一发式，也许同中国的行政文化有关。我只想说效果，除了缺乏美感，生硬刻板，还同中国努力倡导的改革开放精神大相径庭，世人会为此匪夷所思：一个最个人化的选择为何会走向同一呢？

也许对于许多女官员而言，不知如何才能打理出更富有个性和美感的发型，也许还有些人仅仅是出于低调和安全的考虑。于是，我忍不住想对女官员提个建议，真的不必把头发一律剪得那么短，一律向后倒吹，选择适合自己的发型并不意味着太多冒险，其实也无须太多的精力，只要自己选择一个温暖的周末下午，认真用心学点这方面的知识——找书看或听人讲解，做一次认真的寻找和设计即可。这种变化是人性的，也是大众乐于看到的。关键是适合——适合职业，适合身份，适合脸型气质，适当与潮流接轨也未尝不可。人心都向美，真正的美感是无人可以排斥和拒绝的。

还有一点提醒，一般来说，如果发型有巨大的改变，比如由长

职业造型还是走经典路线的好。

图4是我二十多年前的行头和造型，图3大约是我十年前的造型，图1和图2是我的现在。

这就是我所坚持的职业造型的高度稳定性。

卷发改为直短发，人的气质会发生相当大的变化，这种变化会导致你所穿的衣服及佩戴的饰品也必须随之作出相应改变，这也许是许多人没有想到的。例如，我过去是齐肩卷发，那种发型使人的气质趋于浪漫，十分女性化；而我在 2008 年将头发剪短，用我自己的话来形容，从记事起，我的头发就从来没有这样短过，仅比胎发长些许而已。这种发型在人的气质中注入了中性的味道，少了妩媚，多了干练，我过去穿在身上非常有女人味儿的一些衣服，因为发型的改变而变得没了味道，还有我常年佩戴的标志性耳饰也变得不再适合，我不得不随着发型重新选择衣服的风格。所以，变一个发型有时就意味着从头到脚换一种打扮风格，这是在改变发型前必须想清楚的，因而需慎之再慎。

坦然面对流行

这两年的服装流行复古，复西方宫廷之古。中短泡泡袖，重叠圆圆领，胸前百褶缠绕，花结肆意随身，看上去一副纯真烂漫。这一复古元素被广泛运用到一年四季的衣着设计中。

我曾在街上看到一位年约四十的女性，身材丰腴，脖颈较短，她正穿了一件被我称为复宫廷之古的“娃娃衫”。“复古娃娃衫”的特点之一是胸部的剪裁。因为胸下有百褶，因而腹部宽松，加之衣身偏长，确实能将“丰腰”有效遮挡。但这种设计恰好对上半身的要求甚高，需要穿着者有修长的脖颈，纤细的上肢，大小适中的胸部，挺拔的腰身，这样百褶形成的宽松飘逸效果才得以显现。我看到的那位女士，因为丰腴，双重圆翻领使她的脖子看起来更短，胸下锁着的百褶，使她的胸部给人以哺乳期的印象，结实的胳膊套在泡泡袖中更显壮硕……总之，效果绝非她的预期，简直不能再糟。

女士为什么会这样穿着呢？因为流行的缘故吧。

我的观点：盲目追随流行是会害死人的。

如果我们把这两年的复古衫缩小一下比例，同我们以往给小小丫头们做的花花裙子是否如出一辙呢：圆圆领、泡泡袖、胸间百褶？

我将之称为“复古娃娃衫”，原因即在此。

既为娃娃，长相气质中没有天真烂漫真挚透明的所在，便不要轻易尝试。不说中年女性，即使年轻姑娘，气质过于成熟，面对这股娃娃风潮，也需慎之又慎。

明星的示范也在推波助澜。可怜明星为了演艺将自己瘦成如柴模样，三十多岁也乳声奶气，这些都是大众学不了的。大众的盲从便是，明星穿了，就意味着流行，而追赶流行是大多数女性的心理症结所在。

我们永远无法预知流行，流行是时尚家们的一个阴谋。这个阴谋是如此的冠冕堂皇，如此的光明磊落，如此的大行其道。当然，我们的生活也因为这样的阴谋而丰富多彩。换句话说，时尚家的阴谋也是大众生活的调味品。

去年流行某一材质，今年流行某一款式，明年流行某一色彩，所有的流行没有任何道理可言，唯一的道理仅仅因为一群人的“煽动”，它们终成流行。我认为，每一年的流行永远只适合某一合适的人群，比如颜色，前年流行金色，亚洲人的黄皮肤适合金色吗？平常人的气质压得住富丽堂皇的金吗？我十分反对一些时尚节目不负责任的推荐，他们总告诉你什么在流行，却永远不告诉你，什么流行你不适合，弄得多数收看者跃跃欲试。如果他们负责，就应该找一个适合金色的人示范，同时再找一个不适合的人展示，因为媒体有话语权，这种提示是非常必要的。而我们自己则要能对这些现象仔细予以斟酌，不能轻易被蛊惑了。

当我把阴谋、煽动、蛊惑这类字眼作为流行的标签贴上之后，并不意味着我们必须拒绝流行。作为生活的调味品，流行也常使我们心情愉悦，使我们的面貌日新月异。

我的主张，面对流行，自己要有能力理性分析今年的流行是否真正适合自己，仔细分析自己的身材、肤色、气质、年龄段，这些基本条件都是我们无法改变的；分析过后，再在流行中寻找适合自己的元素。元素的添加和改变，是面对流行最谨慎和安全的选择。

比如，我们可以在基础着装（通常款型色彩较为恒定，大衣套装等都属此类）之外，选择某一单品——也许是衬衫，也许是裙衫，在这些单品上做些试验，看看流行的效果到底如何。效果若好，就在当季适量购买而且多穿，流行风潮一过，弃置也不可惜，因为它们已经完成它们的使命。由此来看，买流行单品也切忌太贵，一些大品牌的流行单品因为价钱太高，不买绝不可惜。其实，许多小品牌的当季单品，就是某些大品牌的复制，略有改动而已，有些则干脆赤裸裸完全照搬。作为流行单品，买这样的复制品是十分合算的，我们穿的是效果，而不是品牌。

另外，切忌拿基础着装做试验，比如大衣。因为流行，几乎所有的功能服装都会染上流行元素。某年流行蕾丝，我便看见某一品牌的大衣竟然也嵌上了蕾丝。大衣通常材质较厚，或羊绒，或粗呢，与蕾丝的轻盈通透性感极不协调，二者的搭配全无道理，因为流行，便有设计师斗胆让它上市。流行会使我们瞬间丧失理智，如果有人因为流行而买了一件蕾丝大衣，后悔是注定的，因为过不了两年，蕾丝就不见了，没有比一件镶嵌了蕾丝的大衣更让人莫名其妙的了。

因为流行的可爱与可恨，我们对待流行的最好办法，就是抱一种理性而坦然的态度——适合，我们就尝试；不适合，我们便视而不见。最适合自己的东西永远就是自己的流行绝配，这是硬邦邦的真理。面对自己的衣橱，我们最好把这个真理挂在心上。我通常在每年换季的时候，花上大半天时间把衣橱彻底审视整理，我发现，被我弃置不用的基本都是流行单品，而那些经典的基础着装，有些五年，甚至更长时间地被我保留。某天，我将一条黑色西裤与黑色西服上装组合搭配，它们原不是一套，分别都有十年左右的历史，依照现在的流行眼光，它们的款型搭在一起会透出某种时髦的意味（西服短小，收身掐腰），同事看到后都不相信它们是十年前购置的。这说明所谓时尚也是风水轮流转的，这其中也没有别的窍门儿，一来它们都属于基础着装，二来它们确实适合我的身材气质。适合就是硬道理，因为适合，它们就一直活在我的衣橱里。

我的体会，花大价钱买基础着装，花小代价买流行单品。如此这般，我们的着装永远都会是体面而时尚的。

但凡女性，大都愿意成为时尚中人，新鲜的、富于变化的时尚元素确实能带给我们激情甚至感动，带来不同凡响。我们只要掌握了流行的本质，就能更好地利用流行，让流行好好为我们服务。

准备当家的着装

有次，与一位小伙伴一起参加一个时装发布会，因为天气偏冷，我选择了一身职业裙装和细高跟船鞋，外套一件 MaxMara（麦丝玛拉）羊绒大衣。因为套装与大衣的颜色都为单色，我又搭配了一条色彩绚丽的爱马仕丝巾，还有爱马仕手袋。整体装扮显得庄重、大气，又含而不露。小伙伴比较年轻，见我装扮好之后，直说：哎呀，徐老师，我看上去就像您的助理，帮您随身拎包吧。我知道小伙伴客气，她是用这种方式表达对我装扮的肯定和欣赏。我觉得，可能小伙伴意识到自己的装扮不够郑重，有些草率，没有很好映衬出自己的职业身份与气质。

女人一生买衣物无数，有个时髦的说法：女人缺少的永远是当天想穿的那一件。但在我的心得里，不管平时有多少衣服，关键时候需要的当家着装必不可少。所谓当家，就是最能反映你的职业身份，最能切合各种重大场合，最经典又不易过时的着装，有人将这样的着装也称为王牌着装。在我的衣橱里，能够成为我的王牌着装的是：两套品牌职业套装，一件品牌大衣和风衣，四五条品牌丝巾，三四双品牌鞋，两三个品牌手包，一些真真假假造型风格各异的首饰。够了，这些行头足可以帮我应付一切了。

或许有人会认为这样的装扮过于保守和简单，但以我屡试不爽的经验来看，用这样的王牌着装打扮自己，既省事省时，又安全气派漂亮。

在这里我刻意强调了品牌的作用，品牌之所以能够成为品牌，不需要我在这里做过多的论证，品牌就是品质的保证。当我们面对一些场面，哪怕就是同学朋友间的聚会，如果你希望自己看上去漂亮些，选择有品质的着装都是安全可靠的。对于多数人而言，品牌衣服不可能太多，因为价格实在昂贵，但有些配置值得花大钱，比如大衣、风衣、套装、船鞋等，这些着装虽然一次性投入较大，但使用效率很高。如果购买的都是经典品牌，则终身可以穿用，如此算下来，其实非常合算。我的那件 MaxMara 大衣，已经穿了八年，当初买的时候就考虑一旦拥有，自己轻易不会放弃，所以在款型上选择了较为宽松的“H”形，这种造型对身材的变化要求不高，胖瘦关系不大，因而经久耐穿。在每年长达三四个月的冬季里，三分之一以上的时间我都在穿大衣，开春将大衣仔细干洗收好，年年穿，年年整洁如新。因为 MaxMara 大衣是大衣中的经典，任何时候穿出来都不会过时，所以我计划这件大衣至少还可以再穿十几年。相对于当初的较大投入，如此长时间地实用穿着，其实已经非常合算了。关键是自己能不能拥有这样的思路，把花多少钱穿怎样的衣服想得再明白些。

品牌衣服除了耐穿，经济上合算，因为它品质品相好，因而穿着效果也好。在你需要穿出效果的时候，品牌衣服就是最安全的保证，就是你的当家行头。文章开头提到的，我在时装发布会上的装扮，就是一身品牌当家行头的组合，它让我以不变应万变，不管时装界如何风起云涌，如何万花筒般千变万化，面对各色时尚时髦，经典永远不会是输家。这就是当家着装的好处。因而我建议，面对场合需要，你又实在想不出穿什么衣服合适时，那就穿上当家行头吧。所以当家着装本质上也是基础着装，在你无数次的购买需要和冲动中，最好首先想到，我的当家着装配置齐了吗？

我的那位小伙伴有了那次经历后，把添置当家着装（俗称出客衣服）当成她在购买衣物时的一个重要考虑和选项，并因此而获益匪浅。

接下来的问题是：当家着装有没有标准？什么才是标准？品牌服装就是标准吗？

确定当家着装，其实就是在告诉别人你是什么人，是什么身份和趣味的人。

我认为，当家着装的第一特性应该为职业特性，让人们一看就大致知道你的行业隶属。

有次一位著名的化妆师担当某大赛的评委，因为大赛过后就是颁奖典礼，化妆师仔细掂量自己的着装，在礼仪化和职业化之间反复斟酌。最后，化妆师选择了职业化着装。

化妆师的职业着装到底是什么，谁也说不清楚，但是礼仪性着装却是一目了然的，无非是大小长短礼服、品质好的套装或做工讲究的民族服装等。化妆师们给人的印象多少有些时髦和前卫，又多

少有些漫不经心，在艺术性与随意性之间荡来荡去。那位化妆师最终选择了一条造型简单干净的牛仔裤，两件棉质针织套头衫里外套穿，内穿针织衫为抱脖高领衫，外穿的则是一件低圆领又略微宽大的套头衫，潇洒随意，虽没有礼仪感，但职业特征明显，加上化妆、设计、演艺、传媒、IT 等行业属非保守职场行业，穿着可以适当不拘泥于规则，因而在那样群星璀璨的环境里，也并不觉得化妆师的着装过于随意，反而让大家觉得，化妆师其实就是这个样子，在任何地方见到他们，他们都该是这个样子。后来我在多个场合见到这位化妆师，她都是类似的装扮，形成了她的标志性风格，所以坚持职业属性是永远不会出错的。

当家着装的第二特性应该是品质特性。

当家的东西当然是好东西，当家着装应该是“镇橱（衣橱）之宝”。无论我们处在怎样的经济水平，对当家着装的配置都应该是自己有能力投资的大头。你可以根据自己的经济能力，分阶段升级。我不认为我的小伙伴的大衣一定也是 MaxMara，这个品牌锁定的消费人群也不是刚工作几年的年轻人，我们只要根据自己的能力，把当家着装尽可能买好些就行了。比如，你可以花 50 元钱买 T 恤，但如果你有能力，你至少应该买 500 元以上的套装。而年龄越大，对衣着的品质要求越高，这样自己遇事永远不会窘，永远不会瞎着急了。

最后的问题是，如何让当家着装穿出新意？

除非是富豪，大多数人对品牌当家衣物的购买能力有限，在我的衣橱里能够称得上“镇橱之宝”的也就是为数不多的那些。如果担心自己给人以面貌陈旧重复的印象，一些巧用心思的搭配和改变必不可少。我的套装都是可以互相搭配的，我的丝巾既可以围在脖子上，也可以搭在肩膀上、胳膊上或手袋上，有时干脆就拿在手上，随意处置。丝巾因为图案讲究，色彩绚丽，在着装上格外富有效果。

多学会几种发型的打理也是改变形象的有效手段。我曾经同一个著名化妆师合作拍摄照片，对于我十来年不变的发型，化妆师随手就打理出了四五种造型，每一种造型都是一个不同的气质，让熟悉我的人耳目一新，当然拍摄出的照片也风格各异。这里指的打理，是指在同一种发型基础上的不同变化，这种变化的能力是值得我们去学习的，虽然不容易，但确实值得一试。发型改变气质，发型也影响装饰风格。我每换一个发型，基本就要更换一批装饰性的首饰，否则就很不协调。最近我剪了短直发，此前用于落肩卷发的首饰再也不适合。落肩卷发看上去柔和、女性化，而短直发则更加时尚干练，两者的风格差异比较大。我喜欢佩戴耳饰，因为剪了短发，过去的耳饰基本无用，戴上全是累赘。但不久我发现，一些造型简单，呈几何状的略显夸张的金属耳饰，戴上反而别有风味，再配以我过去从不穿的皮靴，整个人看上去前卫、奔放。这是在我过去的装扮中从未有过的，效果不言而喻。

点滴披挂是文章

搜罗我们的记忆，会发现许多人的胸前都佩有一条珍珠项链。中国的女官员尤其如此，而且项链的造型、长短、珠粒大小、佩戴方式几乎一模一样。所谓一模一样，都是在西服外套里，配一件低于锁骨半寸的内衣，然后在内衣上方挂一条仿佛统一发放的单圈珍珠项链。珍珠是好东西，晶莹、华贵、温润、高雅，但唯其高贵，它自有其所需的特定处所，随意搁置反而起不到任何装饰作用，还会糟蹋它的品相，甚为可惜。

由统一佩戴单圈儿珍珠项链，自然令人想到怎样的饰品佩戴才是锦上添花的明智举动。从没有见过这方面的教科书，但一些心得还是可以交流的。

从人的需要而言，相对于服装，饰品是第二位的需要。有人崇尚简洁，终身不佩戴任何饰品，也未见得不是一种独特的风格。正因为饰品不是必需，在人的整体装扮中常被忽略，人们对饰品投注的心思也相对较少。很多时候，我们会见到这样的场景，有人整体装扮完毕后，发现耳部、胸部，或者手部缺少一点装饰，于是搜罗自己的全部饰品家当，也找不到合适的搭配，只能心存遗憾。

饰品是使女人更加女人的点睛之笔。人类对饰品的喜爱几乎与生俱来。在非洲的原始部落，人们可以衣不遮体，但饰品随身可见，它们可以是兽骨，可以是树枝，也可以是泥土。总之，人们在本能地用各种办法，使自己的身体看起来更加美丽。

再想象我们盛唐时的女人们，她们的全身挂满了怎样的装饰，金银珠宝，满目华贵，佩之随步生风，好不摇曳婀娜。

现代中国女性对饰品的迟悟，也确与中国曾经的生活水平密切相关。几十年前不仅饰品，稍多一点的衣裤都是奢侈与梦想。我们确实是在解决了温饱之后，才对衣裤有了更多的要求，才对如何穿好衣裤、穿对衣裤有了更多的理解和需要。走到 21 世纪，我们已经有能力满足我们装扮的第二需要，我们可以为自己储备一些饰品了。

第一，饰品与财富无关。

大多数女性可能有满柜衣裳，但饰品屈指可数。很多人对饰品的购买和占有仍同财富的积累密切相关，我们至今在人们身上见到最多的饰品仍然是黄金。

这种基于远古记忆的认识并不算错，因为从古至今，饰品始终兼有审美和财富的双重属性。迄今发现的人类最原始的饰品，大多采用的是些既稀有又漂亮的材料，其中的贝饰、金饰，干脆就是当时的货币。用财富装饰身体，用身体夸示财富，是人类最古老的本能之一。即便是在今天，“男人的家当，都在老婆身上”，依然是流传在藏族牧民中间的谚语。游牧之家，居无定所，辛苦积累的财富，没有更恰当的投放途径，于是用价值连城的蜜蜡、绿松石、红珊瑚装饰自己的老婆，也就是在展示男人自身的能力和财富。

但是在现代化的都市生活中，财富的投放和展示途径多样而广泛，饰品的审美与财富属性得以相互剥离。除了那些具有投资功能的珠宝之外，一般意义上的饰品，在很大程度上摆脱了财富属性的羁绊，而获得了更加纯粹的装饰和审美功能。

今天的现实是，越是富裕的阶层，饰品的佩戴越是自由。富裕阶层因为富裕，他们可以坦然选择自己认为漂亮而非真正贵重的饰品，他们不需要用饰品的贵重来彰显自己的富裕，或者说饰品的贵重不是他们身份说明的唯一手段。反过来，平民阶层佩戴金银玉器的现象相当普遍，我们常看到一些劳动妇女的耳部、胸前、手部，挂着成堆的金器，怎么看都觉得那些佩戴与装饰无关。

在这个意义上，为了获得对饰品审美属性更纯粹的感受，我们不妨认为，饰品就是饰品，与财富无关。

第二，佩戴饰品的心情原则。

只要自己高兴，什么材质，什么东西，都可以用来做饰品，任何方式的佩戴都可以尝试，无一定规。

人为什么要佩戴饰品？当然是为了让自己看起来更漂亮。

还有人戴饰品仅仅是因为习惯，在她的装扮配置里，饰品是不可缺少的一部分。

再有的人，佩戴饰品是用以彰显个性。

所以就饰品而言，想戴就戴，十分自由，它在我们的整体装扮里，是最无定规，最随意，同时也是最个性的部分。

第三，如何选择饰品。

饰品无所谓漂亮不漂亮，关键在于对谁合适。

一个朴实无华的人，显然不适合珠光宝气；一个沉静内敛的人，也不适合饰品过于醒目夸张。我们的目的是锦上添花，任何与自身气质相悖的饰品，都是我们毫无顾惜必须放弃的。

女性可以有一些最基本的饰品储备，除了婚戒之外，一条加坠儿的精细的白金项链，对绝大多数女性都是适合的。这种项链的最大特征是精细，正好抱住女性的脖颈线，它会增加女性的精致感，无论在衬衫里，还是在 T 恤上，白金项链含而不露的气质，看起来都会非常顺眼，尤其适合白领女性。必须强调的是，既然增加的是女性的精致感，项链的质量应该多有讲究，制作粗糙的项链宁愿不戴，不戴绝不可惜。

与项链相呼应的是手链和耳钉。配合颈部的精细，一条讲究精致的手链也是增加精细感的有效方法。同样，手链的体积不能太大，也该以精细为上。

当然还有精细的耳钉。作为基本配置，这里强调了佩戴饰品的精致感，我愿意把彰显女性的精致感，作为佩戴饰品的第一审美标准。精致归女性所独有，谁都愿意成为一个精致的女人，很少有人会把"他是一个精致的男人"理解为对男性的赞誉。精致代表了一种生活方式，一种生活品位，一种气质意蕴，对于大多数女性而言，缺乏精致，不是她不愿意拥有，而仅是自身不能够拥有罢了。

除了精致，我们还可以前卫、豪放、醒目、夸张……只要你具

备那样的气质，怎样都可以。

现在的饰品设计越来越多样化，金属、贝壳、石材、木头、玻璃、塑料、布匹、丝绸……材质五花八门，款式五光十色，为我们表现自身提供了丰富的条件。

这里必须提到一个原则，就佩戴饰品的部位而言，手、颈、耳、胸、足等，不是所有人的这些部位都可以佩戴饰品。比如，脖子短粗的人少戴项链，脸型过于方圆阔大的人少戴耳部装饰，手腕失却圆润感的人最好不戴手链玉镯，脚踝缺乏修长细腻感的人不宜戴脚链。换句话说，刻意装饰的部位一定是自己身体的优势部位，因为饰品会吸引他人的目光，使这些部位更加耀眼夺目。

当然，也有相反的情况。比如，我几乎不戴项链，除非在穿大礼服的时候为了特别的装饰感。我不戴，不是因为脖颈条件不好，而恰是因为脖颈是我自认为的优势部位，既然已经是优势，我认为就应该让人一目了然，无须再用其他东西干扰它。这也是一种思路。

另一个反向思路是注意力分散法。我的手部皮肤很薄，青筋显露，当年好莱坞著名影星费雯丽也同样长了一双在全身看起来最失败的手：骨骼粗大，青筋外露。费雯丽的处理方式就是日常戴手套，她有各种各样数不清的手套，与各类服饰相搭配，春夏秋冬都是如此。半个多世纪前人们的繁富服饰与手套是协调的，而明星略显刻意的装扮在大众眼里也是正常的。但现在不行。我的办法是选择较为夸张醒目的戒指（我的气质中也有与此协调的部分），戒指会吸引人们对手部的注意，但夸张的戒指本身更吸引人的目光，对比之下，手部的弱点反而被忽略，或者印象不那么深刻了。

除了部位的讲究，有些人特别适合某一材质的饰品，比如有人只戴金属饰品，有人倾心珍珠饰品，有人专挑木质饰品。这种专一性，除了特别的偏好之外，说明佩戴者本身找到了与这类材质饰品的共融性，二者合二为一了。这是非常幸运的。

有专属，就必然有排他。有人可以将塑料饰品戴得活色生香，但反之，金银饰品却绝不能上身。

这需要我们自己反复试验甄别，所以，买饰品是最需要闲暇的，切不可随性，心急操切，一蹴而就。

通常来说，如果我们追求严谨高雅的效果，可以多选择珍珠与钻石，饰品造型也不宜过大。

如果追求前卫与帅气，可以多挑些银白色金属质感的饰品，饰品造型可以适度醒目夸张。

如果是浪漫时尚气质的人，则任何饰品都可以尝试，不拘泥于材质，不拘泥于造型，只要与衣着配合得当，都会有不错的效果。

还想补充一句，有些人富贵得起，可以佩戴珠宝；有些人夸张得起，可以佩戴超大饰品，但仅仅是有些人……

我很少看到能把珍珠项链戴出效果的人。珍珠的高贵与温润，对人的气质、肤质和脖颈条件有太高的要求。在视觉效果上，珍珠和钻石一样，是最为隆重的饰品；但相比之下，珍珠更古典、高贵、含蓄，与服饰的配合度要求更高。否则，草率佩戴珍珠，其效果便是脖子上只挂着一根链儿，而不是珍珠。尤其糟糕的是，当大量的“养殖珠”充斥市场，珍珠已经基本失去炫富功能而沦落为一种“物美价廉”的饰品时，即便是一串真珍珠，也反过来需要主人的高贵气质为其“正名”。而若主人不幸不具备那样的气质，则自身已经贬值的珍珠，就很可能反过来拖累了主人的品位。我愿意在这里作为警示，提醒大家。

第四，佩戴饰品的尺度。

是让人一眼便看到身上的饰品，还是饰品与服饰相得益彰，这是个分寸问题。

当今时代，人们越来越多地谋求人与自然的和谐相处，人们的生活方式也在悄然发生着变化。到大自然中去，成为许多人生活的自觉选择。这种生活方式的变化，必然对人们的审美产生直接或间接的影响。崇尚自然，意味着同时摒弃雕饰。仅我对自身的要求而言，在整体装扮完毕之后，我通常站在全身镜前问自己：还有什么可以增加或去掉的吗？这种审视于我是理性而严格的。如果全身色调偏暗，我会适当增配饰品，并且寻求饰品色调与服装色调之间的反差，以收到装饰效果。如果服装的色彩造型已经足够醒目，我则放弃饰品搭配，更多地强调服装效果。由此看来，我对饰品的使用是倾向于谨慎的，我的原则就是在装饰上尽量用减法。

再则，职场女性佩戴过多饰品，尤其一些超大饰品，会对职业气质造成干扰，这也是必须慎重的另一个原因。

一个建议：如果佩戴饰品，最好确定一个重点部位，切忌全身披挂。看看今天自己的衣饰，若留有脖际空间，可选配项链；若衣服是七分袖，手腕条件又好，则可选配手镯……总之，佩戴完毕后，仔细审视，但凡发现稍有多余，宁肯舍弃不用，这里是适用过犹不及原则的。

另一个建议：对超长超大装饰性项链的选择，佩戴者应该多有慎重。气质时尚浪漫，同时脖颈线修长、上身纤柔婀娜的人可以选择，否则贸然佩戴，效果一定不好。

其实，饰品除了佩戴在身上，还可以增配在衣服上。我发现在白色衬衫的前胸、衣领，甚至袖口部位点缀一些银色调金属或水晶小饰品，会格外地与众不同。在我看来，白色服饰与银饰水晶之间是绝好的搭配。我还记得二十多年前读到的英国小说《简·爱》的一个情节描写。主人公——18 世纪英国女家庭教师简·爱生来不美而且贫穷，她唯一的可以见客的衣服，就是一件灰色的没有任何图案的棉质长裙。一天，主人家举办社交聚会，主人罗切斯特要求简·爱将被教孩子奥戴尔引领出来与诸位客人见面。那是简·爱在主人家第一次见客，她拿出了那件平时轻易不穿的灰棉布长裙。长裙很合身，衬出简·爱的身形娇小而可爱。但灰色是朴素的，简·爱想起母亲留给她的唯一的装饰品——一个水晶胸针，她将很小的胸针别在衣领靠近锁骨的部位，那点点的装饰，立刻让简·爱有了别样的光彩，布质的长裙也显得不那么普通。简·爱很满意，觉得自己朴素，但是内敛精致，她牵着奥戴尔自信地向客人走去。在一群珠光宝气的贵妇人中间，简·爱的自尊、朴素、节制与精致是那样的与众不同，主人罗切斯特深深地被她吸引，开始了他们之间一段超越阶级、超越世俗的生死爱情。

简·爱的长裙是灰色，黑白灰同属消色，也就是无色，性质完全是一样的。

试试，在身穿白衬衫和牛仔裤的时候，找一个地方，无论是身上还是衣服上，佩戴一个银色金属饰品吧。别太大，一点点就行……

可念的购物经

我觉得我还是一个舍得为自己花钱的人，但近几年，我去商场的次数越来越少。不去的一个重要原因，就是随着购物观念的变化和清晰，真正意识到坚持不被流行左右，坚持只拥有真正适合自己的东西，不等于做不到时尚优雅。

巴黎和维也纳，是世界公认的优雅之都。我对这两座城市，尤其是巴黎女子的造型观察，一个最大的体会，就是当我们被巴黎、纽约、米兰时装周刮起的流行旋风吹得团团转，唯恐自己跟不上步伐而遭遇落伍耻笑的时候，巴黎女子们似乎根本觉察不到近在咫尺的巴黎时装周曾经发布过什么，而那种发布又与她们有什么关系。

巴黎女子不穿“潮”的，只穿对的。

我不是想表达巴黎女子做什么都对、都是标准，我只是想说，当我们在购物上不盲目跟从，坚持只根据真实需要做正确决定的时候，我们一生将为自己和家人省下太多辛苦钱。

我的一个二十多岁的小朋友，有天背了一个“芬迪”包出现在我面前。我印象中她有一个造型及功能同这个包差不多的“LV”包，除了两个品牌不同的 LOGO 纹饰，其他方面基本一致。我问她：为什么要买两个功能完全一样的随身包呢？一个人同时用不了两个包呀？小朋友似乎有些愣住了，她的表情告诉我：事前她真的没有想过这样的问题。

由这个问题引申开，我们可以想想，我们有多少次购物，是在重复购买同一功能的物品，而重复购买的唯一理由就是眼前的“这一个”看上去有点新鲜。

好了，前面的话就算是个引子，我想具体说说，我在经过若干年的学习打磨后，如何避免重复购买，我的购物清单是如何确定的。

第一，避免衣服的重复。

在所有的重复购置浪费里，衣服是最难以避免的。我的基本观点，除非你的钱多到你买什么都不在乎，或者说购买本身就是你的生理需要（简称购物癖，其实是一种心理疾病）。如果不是，那么我们还是学会理智购买吧。

如何避免重复购买衣服，有不少人建议：旧的不去，新的不来。我看到这个建议已经很多年，经过自己的多年实践，感受到这确实是避免重复购买浪费的一条黄金法宝。

所谓“旧的不去，新的不来”，是指某一季节的某一件衣服，如果你舍不得把它处理掉（不管是扔掉还是送人），表明你还有继续穿它的愿望，你就坚决不购买同一功能的衣服；要买就先把旧的处理掉，不处理就坚决不买。

同一功能的衣服，在一个季节里保持可替换的数量即可，多了就是浪费。太多人都感叹，一件衣服很少穿甚至还没穿，就想把它淘汰。为什么？衣服多了，存放久了，自然不想穿了。现在我坚决提醒自己不再犯这样的错误。

为了不犯这样的错误，我们就必须清楚，在各个不同的季节，我们到底需要多少不同功能的衣服。有按照季节来划分的，有按照功能需要来划分的，我的划分是按照功能需要，这样似乎更清晰一些。

根据自己的身份和职业需要，我首先满足的是自己的职业装配置。主要是职业裤装裙装、衬衫、大衣、风衣。这其中，职业套装三套，分别为米色、黑色、灰色；衬衫十件左右，以白色为主，兼有粉色、素色条纹格子、黑色及花纹真丝衬衫；长大衣两件，一件米色，一件灰蓝色；风衣两件，黑色和米色，长短各一件。

为了应对特殊需要，我还配备有一套红色套裙，穿着时间不多，主要用于仪式庆典。

其次就是生活着装。生活着装的机动性最大，购买空间也最大，这一部分着装在功能上很多人容易模糊。

我觉得除了写字楼里的白领，现在依然很少有人把职场着装与生活着装区别开来，更多人只是把在家里穿的和在外面穿的分清楚。而这是两个完全不同的概念。

我认为职场着装即使不一定就是职业套装，也一定是在你个人的衣橱中你最能够穿着上班，而同时最有助于你的职业形象和职业能力形成的着装。

个人认为就是裁剪最为简单、装饰感最少、暴露最少的着装。

尽管我对许多人将职业着装与生活着装混为一谈表示理解，但我仍建议，如果在意自己的职业发展，请相信，坚持准确的职业着

装，对自己的职业生涯一定是有益的。

其实我发现，除去职业装配置以外，生活装的配置需要已经非常有限了，我们只需要购买一些休闲牛仔衣裤（两三件 / 条）、T 恤衫（三四件）、毛衣（三四件）、半截及膝小裙子（两条）、短款薄厚外衣（各一件），如果再添置两条用于夜晚社交的裙子，真的就足够了。

对于一个标准的职业女性，我认为进行上述衣服配置（演艺及前卫职业除外）是理性而实事求是的，覆盖了所有功能需要。如果再多，自己可以仔细甄别，一定就是同一功能的不断重复。

而上面我们已经提到，针对同一功能的衣服，我们最好坚守：旧的不去，新的不来。这样我们不仅节约了开支，也不必为衣橱不够用而发愁了。

有人会问，同功能的衣服数量不多，会不会因为重复穿着而缺乏新鲜感呢？我们仅以牛仔裤配 T 恤衫为例，三四件 T 恤与两条牛仔裤相配，我们已经可以满足 4 天的短假期需要；如果再有一条裙子做调剂，我们就可以有很漂亮很舒适的假期。如果假期再长，将这些衣服轮回穿一遍一点也不单调呀，说不定在别人眼里，你已经非常亮丽，非常漂亮了。

我之所以现在去商场的次数越来越少，是因为每年我都会在季节转换时仔细清理自己的衣橱。我发现，由于我购买衣服越来越符合自身的实际功能和气质需要，我的衣服的耐穿时间越来越长，所以我不用经常去商场。我是一个无事绝不闲逛商场的人，要去一定也是想好了要买什么功能的东西，直接去该去的地方。

我的大衣、风衣、职业装，因为购买时坚持好品质，选择合适的款型（这些基本储备绝不能跟潮流走，谁跟谁浪费），这些衣服我有的已经穿了十多年，我只需要适时与不同的衬衫配饰搭配，就永远不会有过时的印象。经常有人夸奖我的某一个装扮好看，我便告诉他们，这件衣服我已经穿了七八年了，对方的表情通常都是不可思议。

这就是永远买适合自己东西的好处，因为适合，在自己身上永远漂亮。

第二，我们到底需要多少双鞋子。

还是把鞋子按功能来划分吧。

与职业装配套的鞋子：这类鞋子我的主张就是不妨多买几双黑色船鞋，好用。同一黑色要有不同鞋跟高度和款型差异，以适合不同的裤装与裙装需要。此外，配备银色或米色、棕色及灰色船鞋各一双，够用了。

与生活装搭配的鞋子：这一部分鞋子较为自由，以舒适为第一考虑。我喜欢买牛筋底与坡跟便鞋，非常舒适，夏天的坡跟鞋能很好地与裙装搭配；另外我还买有一双米色的芭蕾鞋，穿这种鞋就是为了把自己彻底放下来。这类生活装鞋子只要分别买深浅两类颜色即可，轻易不买花花鞋，十分难搭配，除非自己想诚心玩儿一下，可以额外添置，但我不主张将它作为基本配置来购买。

靴子的用处：无论上班还是日常，靴子都是用得着的，我的主张也是深浅各一双。个子不高的人，不要买半筒靴，越发地显得个子矮小和腿短了。

第三，我们需要多少包包。

我知道许多人有恋包癖，如同我前面提到的那位小朋友，她买包不是为了实用，而仅仅是喜欢包包。这种爱好我不是太能理解，但确实有许多人就是无条件地爱包。

我为上班配备了黑、棕、白三色包包，造型都以上班为实际需要，方正简洁，做工上好。这三个包已经可以应对我上班的全部需要。

与生活装相配套的包包我配备了三个。两个颜色不同的属万能搭配的手提包，外出吃饭购物都可以；另一个就是旅行郊游时挎在身上的斜挎包，我选择了一个颜色鲜艳的花花包，非常漂亮。

再就是与晚装搭配的小手包，黑色与银色各一个。够了。

可以配备几条漂亮丝巾，一深一浅两条羊毛或羊绒长围巾，一深一浅两双皮手套，够了。

看到这里，是否许多人都发现，自己的配置远比我写下来的这些要多得多，一定是的。事实上，我们远不需要那么多，多的部分一定都在闲置，或者利用率极低。不利用就是最大的浪费，我们为什么要浪费呢？

最后的总结：无论是衣服、鞋子，还是包包围巾等，我们只要分清功能，依功能按实际需要配置，绝不多余，绝不闲置，坚持“旧的不去，新的不来”，我们一定能够做到体面、优雅、漂亮、节俭，成为在家庭内外均受欢迎的衣着俏佳人。

以小见大

在我的整体构思中，一些过于细小的问题我不知如何表达时，一个最直接明了的做法，就是像现在这样，三言两语地，把细节问题也提上台面。比如表情等问题，很难归结为是细节问题，还是人的整体修养问题。或者说，当我觉得把它叙述成篇有困难的时候，我选择了一个更经济的做法。

注意面部表情

一位男士告诉我他曾经的感情经历时说，他选择离开的原因之一，说起来似乎难以置信，就是他不愿意看到女方脸上经常出现的一种表情，很难看，很不雅，很影响心情。我问那是一种什么表情，他说嘴角往下咧着，皱着眉头，好像哭丧着脸。我问女方通常在什么时候出现这样的表情，他说也没什么特别的时候，比如听他讲话，听着听着女方的表情慢慢就成了那样。开始还以为是什么事惹她伤心，后来发现仅仅是她的一种习惯。实在不喜欢，就离开了。

我当然不知道那位女士是谁，或许她永远也不会明白男友离开自己的真实原因。我在想，如果知道了，她会怎么想？

其实生活中这样的表情并不少，经常挂在一些女士的脸上。之所以下意识地有这样的表情，还是源于小时候这方面所受的教育不够严格。如果初始阶段就被经常提醒和严格制止，完全是可以修正过来的。我们很难在王室成员或大家闺秀脸上看到这种不雅状态，因为人家是经过严格训练的。

其实许多电视主持人都有校正自己屏幕表情的经历，生活中自己并不难看的表情，经屏幕放大之后显得十分难看。经过用心校正，大都能调整过来。所以在这里特别提醒女士，注意自己的表情，注意自己说话的手势，无论是做一个说话者还是倾听者，言谈举止让人愉悦，你会更受欢迎。

我娘的娘家是秀才出身，在我懂事以后，我娘就严格教导我“女儿家脸上不能有败相”。我生的是男孩儿，同样，我也教导他“男儿脸上也不能有败相”。所谓败相只是一种习惯而已，完全改得过来，只要自己真在意。

做好手的保养

手是女人的第二张脸，此话一点不假。在与人的交谈过程中，手的辅助动作是不可避免的，手势是一种身体语言，手势也是一种表情，所以富于表情的双手需要得到我们细心的照料。

纤纤玉指，肤如凝脂，注定是赏心悦目的，但许多人并没有一个先天好的手部条件，手的皮肤与骨骼造型都不尽完美。再好的手部皮肤到了三十岁左右都会开始干燥老化，所以无论手部先天条件如何，悉心保养都是我们该做的功课。

随身带上护手霜是一个好习惯。1天究竟该洗多少次手，是个没有必要探究的问题，手脏就该洗，不洗才莫名其妙。除非盛夏，其他季节洗完手就该涂抹护手霜，涂抹之后双手最好再多揉搓，让手霜充分吸收，同时，也起到按摩和柔软皮肤的作用。

我向大家推荐一款手霜，特别声明，与广告无关。这也是朋友向我推荐的，听说很多人都在使用。这款手霜膏体丰盈，涂抹后手部润滑而不油腻，富有光泽感，而且保湿效果较长。有不少手霜虽说不油腻，但滋润效果不佳，手部也容易干燥，防护功效一般。我推荐的这款手霜隶属 Jurique（茱莉蔻），玫瑰香型，名称为 Rose Hand Cream（玫瑰护手霜），依据大小包装的不同，价格有所差异，可能比一般手霜略贵，但效果确实很好。

有人在参加大型社交活动前，愿意到美容店做手部特别护理，我认为这样也不错，护理本身就是最好的休息，可以养精蓄锐。另外，我们还在市场上看到各种各样的手膜，但我怀疑在工作一天之后，我们是否还真有精力自己做手膜。我也购买过手膜，但基本没有使用过，因为嫌麻烦。我的做法就是晚上沐浴后，临上床前，在手上涂抹两遍护手霜，将手放在被子里，好好温暖双手，让手霜充分吸收。

在日本，白领不涂抹指甲油上班，会被认为失礼。中国或许还没有这样的讲究，但涂抹指甲油仍然成为许多人的装扮爱好。对于完全不做家务的人来说，涂抹指甲油不会有太多的不方便；但如果做家务，一定很不方便。比较实际的做法，就是每 10 天自己都修剪一遍指甲（以免指甲过长），然后涂上浅色透明的指甲油，万一因为做事导致指甲油脱落，也不会因为视觉效果太明显而太过狼狈。

最不体面的做法，就是让自己涂抹了指甲油的双手斑驳淋漓，那种起于修饰又毁于修饰的效果，实在令人目不忍睹。如果不能保证指甲的完整修饰效果，还不如赤手裸指，至少看起来还有一份干净。许多女性不在意这个细节，认为指甲油脱落是正常的事，任其脱落，直至自然脱完为止。我必须说，这是有失体面的，一旦指甲油出现剥离脱落，要尽快修补或清洗，效果必须完整。

除非特别的效果需要，一般情况下，人们并不需要将手指做过于醒目的装饰，干净、润泽、指甲富有玉贝般的晶莹感，有这样雅致的效果就已经很好了。

另外，别忘了天冷出门一定戴上手套，闲暇时，多让手部呈上置姿势，就是让指尖朝着天空方向，这样可以预防血液过于充盈，而使手部青筋外露。

让鞋面永远干净

记得苏联电影《莫斯科不相信眼泪》里面有一个场景，男女主人公在列车上相遇，彼此并不认识，男人坐在女人的对面，跷起二郎腿，一双沾满尘土的皮靴让女主人公觉得刺目和反胃。女主人公想，这是一个没有生活品位的人，日子过得注定糟糕，否则怎么穿上这样一双肮脏的鞋就出门了呢。

这个细节给我印象极其深刻，一个连擦鞋的心情或习惯都没有的人，日子当然是不讲究的。

中国人讲鞋袜半身衣，那是指在全身装扮的配合上，必须要有合适的鞋搭配全身，否则，脚下没鞋，穷了半截。现在穿鞋不是问题，穿得是否干净讲究成了问题。这既反映出生活习惯，也反映出对生活品质的追求程度。人的习惯和意识常常是一套的，不讲究鞋面干净的人，大约也不在意衣服上是否有茶渍油渍，是否有脱线抽丝等瑕疵，而这些细节都影响一个人整体的精美度。精致感绝对来自对细节的在意和讲究。女人不能没有精致感，缺乏精致感的美感一定是不完美的。女人就该精致，这是我一贯的主张。

戴上墨镜再出门

墨镜就是遮光镜，让你的眼睛以一种柔和的方式进入自然光下，不因为眼睛遇光遇风而过度眯张或流泪。眼睛四周的皮肤厚度只有脸部皮肤的十分之一，这样的娇嫩与脆弱是需要我们格外精心保护的。

有人以为只有明星出门才需要戴墨镜，因为怕被公众认出，行为活动不方便。我想说的是，戴墨镜仅跟自己的生活习惯有关，跟是不是名人明星毫无关系。相反，有许多公众人物并不习惯戴墨镜。墨镜的作用就是遮挡，如果你认为自己的眼睛需要保护，尽管保护好了，别的方面实在无须多虑。

我现在早已习惯出门就戴上墨镜，镜片颜色可深可浅。久而久之，不戴眼镜我便像少了一样东西似的，觉得眼睛缺少了防护而惴惴不安。这真的只是习惯，但我认为这是一个好习惯，如果你在皮肤保养中会注意购买和使用眼霜，那么出门戴墨镜就是对眼部最好的防护。

墨镜或者说非视力矫正类眼镜，其实也是很好的装饰品。在同自己的整体装扮配合中，眼镜会收到意想不到的效果。如此说来，在自己能够承受的范围内，不妨多准备几副眼镜，与不同衣着风格相匹配。

有人发现黑框白色镜片的眼镜有遮挡黑眼圈的作用，所以今年许多公众人物纷纷带起了黑色镜框眼镜，因为公众人物常常熬夜，眼圈发黑是常态，戴上以后确实起到遮挡和分散黑眼圈的作用。只要你愿意，你也可以这样遮挡和调整自己，不必在意是否过于装饰和不自然。现在是一个开放和多元化的社会，尽管张扬自己，自己觉得舒服就行了。

随身必带的化妆品

1. 一小瓶保湿喷雾。

2. 唇膏或唇彩。

保湿喷雾可以随时补充水分，让面部看起来清新湿润。在皮肤的各种视觉效果中，我认为滋润感是第一位的。再好的肤色肤质，缺少了滋润，就缺少了生命力。

唇膏和唇彩可以让自己在任何时候都不至于狼狈。实在来不及打扮自己的时候，只要涂上唇膏或唇彩，不仅自身顿增光彩，也向别人表达出了你打扮的愿望和作为。即使是聚会或公务活动，也不至于尴尬失礼，还让自己赢得自信与自在。

另外一件我常年习惯携带的化妆品就是润唇油，滋润感当然包括了嘴唇。我经常看到一些女士唇纹干燥，质感枯瘪，心想，女士们经过了怎样的辛苦，才会让自己显出这样的没有水分。干裂的嘴唇是操劳与疲惫的象征，最消解女人的从容感和优雅感。有时我发现，即使脸上不适用任何化妆品，只要涂抹上乘的唇油，同样使人看上去生机勃勃。这也是滋润感带来的魔力。

我推荐一个润唇品牌，首先声明，我的推荐与广告无关，仅仅是我常年使用后的心得：Kiehl's（科颜氏）。这个品牌的润唇膏质感润滑，涂抹后极具光泽，而且伴随产生丰盈感。特别声明，不贵。

迷失于巴黎的优雅

去法国之前，已经看了许多法国人写的小说和法国人拍的电影。我看法国电影很耐心，因为我只有比导演更耐心，才能更好地理解法国人，为什么能耐烦去讲一个一点也不波澜壮阔的故事。法国人极端细致，就那么不紧不慢地讲故事，等你接近没耐心的时候，他又会让你心里一紧，鼻子一酸，仿佛一瞬间，所有的耐心又都是值得的。看多了，我便喜欢法国人讲故事的那种表面看似淡然，内里充满张力或神经质的方式。他们给了我一种特别的印象，外在优雅的法国人，内心其实有着一种不易察觉的歇斯底里。不知是电影里的法国人如此，还是法国人就是如此。

除了看法国人讲故事，我还有一个不小的乐趣，就是听法国人如何娓娓讲他们优雅的法语（他们好像一生都不会大声说话）。法国人讲法语，就像中国人讲梦话，人与人之间不像对话，像在喃喃自语。以那种方式讲那种语言的人，只能是文明的一群。不文明的人讲不了法语，或者讲多了，只好变得文明。

看剧中人怎么穿衣配色也是我的乐趣之一。法国人的色彩感觉，群体掌握色彩的能力，在我的见识里堪称世界最好。

别人如何看法国，跟我没关系。我眼中的法国，或者我眼中的巴黎，就是由无数根纯苗正的当地人，在法国文化的世代熏染下，共同织就的外人只能欣赏、却无法真正融入的唯美世界。其实浪漫也是一种唯美的东西，因为唯美，竟格外让人神往。

法国，一个锻造审美品位的好地方。

去法国的人，似乎都在等着看法国美女。我在法国看到的美女不多，看到的优雅女人倒是不少。

法国女人的优雅，先雅在骨骼上。同为西方品种，法国女人不似她的邻国德国那样，生就一副雅利安人健壮的胚胎。法国女人的骨骼是纤细的、秀巧的、精致的，也是迷人的。在巴黎街头，很少看到臃肿的女人，无论她年龄多大。有人说，法国女人之所以不胖，是同她们的品种有关，长着那样骨骼的人是不易胖的。所以法国女人尽管优雅，也会尽兴地吃，法国美食多海鲜，不油腻，多吃也是不胖的。

法国女人的优雅更多来自她们的仪态。想雅首先就得免俗，优雅就是更高级的雅。想优雅就必须形而上，否则脱不了俗，又如何得以优雅？一个唯美的世界是更容易成就优雅的。相对于平常过日子，法国女人似乎更具备审美质感，那种少了烟火气的美感，让人欣赏，却仿佛不易亲近。地道的法国女人矜持地优雅着，等着你去赞赏。

有了一种形而上的心境，一切就变得不一样了。就是喝咖啡，法国人也接近形而上，去咖啡馆喝咖啡才是法国人的喝法。我曾在一家咖啡馆遇到一位老太太，每天把自己收拾得精致讲究，下午三四点钟步行去那家固定的咖啡馆，找一个临窗的座位，一杯咖啡，一小块巧克力，看着窗外的街景，优雅无声地坐上两个小时。天天如此。看街景喝咖啡仿佛是法国人的一种特别爱好，即使冬天，法国人也好坐在户外，身边点着路灯似的取暖炉，张张脸都冲向马路，表情散淡地观望着，像在看别人，又像在想心事。时间仿佛不是法国人考虑的问题，喝咖啡是正事儿，是生活必需的内容，是不能取消也不能耽误的。既然咖啡都喝得如此随心又如此郑重其事，不把自己收拾得体面美丽也是断然出不了门的，不管这美丽的代价是什么。不如此，巴黎就不是今天的巴黎，女人也不再是今天的女人。

在清晨的地铁上，对面坐着一个赶去上班的女子。女子三十岁左右，一袭精心打理过的亚麻色披肩长发，黑色针织紧身连衣裙的外面，套了一件裙式的黑色风衣，身材玲珑。连衣裙的肩胸部织有少许白色的简单图案，只几道，就有别样的不同。与黑白呼应的是黑色手包上那一点白色的商标图案，还有黑色细高跟鞋沿着鞋面边嵌的一条白色的饰纹。黑衣女子长着一张极精致的脸，一双讲究的小腿，双眼精细地化过妆，涂着银白色的指甲油，神色淡淡的，像屏住鼻息，悠悠地端坐在那里。我一直看着她，看到发呆。

我当时直在心里说：巴黎女子真正优雅，雅到骨头里了。我也知道，这优雅的打扮可以学，神色是学不来的，那来自一种生活态度，那种态度就是：优雅过生活。

这样神色打扮的女子，在巴黎街头比比皆是。法国人似乎人人都在向外人表达着他们的唯美意识。法国人仿佛生来就优雅地美着。

我还惊叹于巴黎人的色彩搭配。

曾在香榭丽舍大街上，看到一个法国男人经典的红配绿。红色的毛衣和皮鞋，配一条绿色的条绒裤。男人坐在一家咖啡店外，迎着上午温暖的阳光，晒着，细致地喝着咖啡。中国的俗话是：红配绿，赛狗屁。讲的是一种配色的禁忌。而那位四十多岁的法国男人，仿佛掌握了色彩搭配的精要处，在色彩的明度和饱和度上，在红和绿两种对比色之间，找到了最恰当的分寸，让原本可能出现戏剧效果的搭配，成了日常生活中完全可以接受的，而且是大胆又养眼的绝配。红是浊度很高的红，绿也是浊度很高的绿，仿佛都含有灰。相比之下，绛红色的皮鞋倒是显得鲜亮了，成了全身的点缀，又绝不突兀。对色彩的理解和掌握，若不到一定的火候，是不可能有那样的想法，也是不可能有那样的搭配的。看到那个男人，我一下意识到，相对于法国人，我们平素在着装色彩的搭配上，实在是太平庸了。惭愧。

说到平庸，我又想到在街头看到的另一个法国女子。女人四十多岁，身材高挑而且苗条，一件普通的呢质西服，配了一条随意的牛仔裤，两公分后跟儿的皮鞋，极其平常。不平常的是她身上的一条围巾，丝棉质感，长长的，在一边肩头打了个牡丹似的花结，余下的围巾一头搭在后背，一头飘在膝盖上，随着身体的走动，围巾婀娜着，配合一对金属质感的稍显夸张的几何形耳饰，原本一身普通不过的装扮立刻熠熠生辉。看来平常与平庸都不是巴黎人的选项，他们爱美的心思和艺术化的品位，是注定要让他们显出不俗与不同的。

我在法国的日子，主要是闲逛，在路边的咖啡店喝咖啡。也是，我就是一个十足的看客，看法国人在我眼前来来往往。看似无所用心地看，看久了，就不知把什么看到心里去了，久而久之，就长到心里了。

巴黎的优雅有一种梦里的格调，轻易地，就让人迷失。

我眼中的美丽女人

应约去靳羽西家，是在夏末一个不太热的中午。居家的羽西有着人们熟悉的妆容，一件粉色的亚麻镂空绣花短袖衫，一条粉色的布质休闲七分裤，白色的坡跟拖鞋里，一双白皙精致的小脚涂着银粉色的指甲油，整个人看起来粉粉的，十分亲切可人。

“羽西——”

“徐俐——亲爱的，欢迎你！”

羽西热情地拥抱我，把我迎进屋里。

第一次见到羽西是在十多年前，羽西在人民大会堂召开新闻发布会，那时羽西化妆品正在起步。

羽西一生钟情于红，各种鲜艳的、饱和的、热烈的红。那天在人群里，我一眼就看到了穿玫红色套装的羽西，她耳朵和脖颈上都戴着醒目的金色饰品，在来宾面前穿梭着，玲珑有度、风情万种的样子。

如果不刻意打听，同羽西打交道是会忘了她的年龄的。她的嘴边似乎也永远没有年龄这个话题。羽西长着一身秀骨，体态轻盈，皮肤尤其细致，一双手脚嫩嫩的，看起来非常年轻。跟羽西说话，她一双灵动的眼睛始终少女般地眨动着，声音轻快，周围的人都好像融在她散发的热情里。

羽西四十岁开始在中国开疆拓土，事业发达，转眼已经三十来年。

在我的眼里，除了比过去略丰满些，羽西变化不大。作为女人，她已经很经得起岁月的洗礼了。

我同羽西见面的机会不是很多，从来没有就她本人聊过什么话题。我们见面大多谈眼前需要处理的事儿，话语间，羽西会偶尔说到女性话题，比如妆容，还有女人遇到问题时选择能力的重要等。

给我的印象，女人要做到羽西那样，那样在意和保持自己的美好形象是件不易之事。人总有懈怠之心，而羽西做到了始终如一，这是她成功的地方。所以，人前的羽西总是美丽的，不仅美丽，至今还艳丽夺目。

那天在她家里她说，过 2 天她要去走红地毯，上海国际电影节开幕。我问她如何装扮，她把我领到她的衣帽间，指着其中的一件腰部是薄纱镂空的正红色晚装说：这件怎么样？我说当然好看哪。心里又暗自打鼓，以羽西的年龄，腰部镂空是个好主意吗？而在过后 2 天的报纸上，我看到有礼仪专家点评电影节嘉宾的着装，羽西的那袭红色晚装得体夺目，被各方盛赞。再看照片上的羽西，一手提着裙摆，春风满面地笑着，正款款走在鲜红的地毯上。

这便是羽西，在你认为她可能风头不再的时候，猛然间你又发现，那最大的彩头依然还在她的身上。

以我的理解，像羽西这样终生都保持美丽的女人，除了对做美丽女人有独到的见解之外，她们身上更多的还是常人无法达到的意志力，对美丽不懈追求的意志力。也许，这种女人的自爱和做美丽成功女人的理想高于一切，她们是把做美丽女人当作事业去追求的，羽西是其中灿烂的一个。

这种女人不多，有一个就在人堆儿里亮一个，断然错不了。

于西蔓被媒体称为“中国色彩第一人”，她把从日本学来的有关人体色彩的四季理论，在中国发扬光大。现在做色彩推广的人不少，于西蔓还是最富有影响力。

有人对于西蔓的色彩理论有疑义，这不是我关心的话题。有些时候我就是个实用主义者，在分析判断之后，我吸收我认为有用的东西。比如，在经过于西蔓的色彩诊断之后，我确实发现，日常生活中我若较多地选用她理论里的春季色，我的脸色果然好看些。

一眼看到于西蔓，见她梳着蓬松的卷发，穿着刚出生的小鸭般的色彩的套装，一直在笑着。她的笑仿佛是从心里绽开的，一绽开就是盈盈的。从她的笑容里，我第一次直观地理解了什么是笑容可掬。西蔓很友好，也很亲切，也许同她的日本经历有关，西蔓总是柔柔地待人，脸上的笑容始终不离不弃。

西蔓是个做美丽事业的女人。

西蔓的个人色彩理论，就是告诉人们究竟什么色彩最适合自己。除了色彩，西蔓还告诉我，人要善于发现自己身体的长处。她建议每个人找面大大的镜子坐下，静静看着镜中的自己。再不漂亮的人，总有一点与众不同，那一点不同，就是自己最该加以放大提升的。

那一点，可能是自己某个部位的长相，也可能是某个瞬间的表情，或者一个手势，或者某个固定的姿态，等等。总之，什么最可能给人留下印象，什么最打动人，就去强化和打造。

这是一个很受用的理论。进而我发现，任何时候见到西蔓，她都穿着膝盖以上的短裙，始终亲切盈盈地笑着。她那双小腿果然漂亮，修长而圆润，笑容也是格外地温柔迷人。按我的理解，笑容和小腿，就该是西蔓身上的最动人之处吧。

噢，做漂亮女人原来有这么多的学问。

后来，按照西蔓的提示，休息时我长久地坐在穿衣镜前，不认识自己一样地仔细打量着自己。我发现，我并没有什么突出的，也没有什么太难看的，似乎难以确定放大什么提升什么。西蔓就说：亲爱的俐俐，你已经很棒了，你的外形条件太好了，羡慕死人了。

西蔓夸我真的没得商量，她总是给我最好的鼓励。在她的面前，我觉得我就是一朵世上最美丽罕有的鲜花，正在人群中怒放着。

我相信，不仅对我，对所有同她沟通的人，西蔓都会如此。她的工作就是帮助别人发现自身的美，从而获得更大的生活信心。

西蔓更多的时间在讲学，从全国妇联到各个机关高校，西蔓都去讲解。西蔓的嗓子总是哑的，已经哑了好多年，因为她总是在不停地说话。我是靠说话吃饭的人，我知道嗓子哑了的难受和难处。

听她哑着嗓子说话，我就心生怜惜。西蔓如此尽力，美丽事业是一定会成功的。

事业成功的女人通常有种特别的美，自信、通透、练达、激情洋溢。何况西蔓，做着美丽的事业，终日笑意盈盈，更没有不美的道理。

吕竞竞盘着高高的发髻，前额梳得光光的，一见人就火一样地笑着："哎呀，老妹，你真是越来越漂亮了！你漂亮我就特别高兴，知道吗老妹？！"吕竞竞说话是一串一串的，没有标点："我告诉你，你就得抹我的油，它是好东西，一般人我还不给抹，我就给漂亮人用，用了绝对错不了！"说的时候一边盯着你的脸，一边拍着你的胳膊拉着你的手，两眼像加了星光镜似的，一眯一睁，亮闪闪的。

吕竞竞是搞医的，今年五十四岁，自己研制了一种除皱油，终日在脸上抹着。吕竞竞的脸倒真是细润光亮，怎么看都没有一丝皱纹。

我对美容产品向来持唯物的态度，本不信世上还有除皱的东西，可是见到吕竞竞，又好像觉得没有不信的道理。

吕竞竞说，在她三十岁生儿子的时候，原本漂亮的脸一下子布满了斑点。她说市面上卖的护肤产品她都试过，没有哪种能解决她的问题。那么漂亮的一张脸不能就这么毁了呀，转念一想，索性自己来。

吕竞竞学过五年中医，五年西医，一直在一家部队医院当大夫。

竞竞研制除皱油的详细过程我不清楚，听说因为在自己脸上做试验，导致感染，差点毁容送了性命。

原先，吕竞竞只是调配一些东西自己用，用了多年，发现自己的东西不错，斑点少了，还不长皱纹，觉得应该普惠他人。她在天津建了一间实验室，按她的方子小量生产除皱油。用她的话说，因为量小，她只能给那些真正爱漂亮的有恒心的女人用。吕竞竞最讨厌没有恒心的人，她讨厌别人不坚持用油，然后说她的油不好。所以，她在把油给人的时候，一要看人是否长得漂亮或者是否真爱漂亮，然后再三叮嘱，要用就坚持用到底。

痴迷于自己理想的人，总有一股格外的激情。吕竞竞说起自己的油，就像说自己的儿子。她说她的东西无害，完全可以吃。说完就在嘴里舔一口。她说她的油已经拿到德国，经过了最严格的无菌化验。结果证明，她的东西绝对是好东西——徐俐，你不用，你真的要后悔。

竞竞是个热情的人，虽然钟情于自己的东西，说起话来难免激情四溢，但接触下来，发现她为人厚道，心眼儿尤其好。

吕竞竞爱买包藏包，家里各式各样的手提包不下两百个。看见谁漂亮，就顺手送人一个。吕竞竞说，她就喜欢漂亮又心眼好的人，因为她坚信自己就是。一个心眼好的人，是不会拿别人的脸开玩笑的，再者，她的那张脸在那摆着，信不信，全凭你自己。

吕竞竞坚信她的油能让人延缓衰老：能比同龄人年轻十岁还不行吗？

竞竞说，我的油都是用纯中药炮制的，有些药太贵了，成本太高，想多做点也不可能。竞竞说她没想挣太多钱，有人愿意用她的油，为她扬名，就是她最大的心愿。

我从吕竞竞身上发现，做个美丽的女人怎么会有那么大的吸引力。当初如果不是吕竞竞那么执着地要去除脸上的斑点，就不会有她今天引以为骄傲的除皱油。而如今这油，又让她上了马达似的，见着漂亮女人就说油的好处，唯恐别人长了皱纹，伤心的是她自己，而不是长皱纹的别人。

同前两个提到的美丽女人相比，竞竞无声无名。年轻时的竞竞是个美人，终日晃着同龄人的眼。也许，想一辈子晃人眼，是女人内在的本能，这个本能可以激发生命的无限能量，调动生命的全部力量，让自己美丽长久。从这个角度，竞竞是可爱又让人尊敬的，而且，脸庞姣好，没有一丝皱纹，身板直直的，朝气蓬勃，看上去依旧美丽。

图书在版编目(CIP)数据

优雅是一种选择：珍藏版 / 徐俐著. --桂林：漓江出版社，2018.11（2021年10月重印）

ISBN 978-7-5407-8493-5

Ⅰ.①优… Ⅱ.①徐… Ⅲ.①女性—人生哲学—通俗读物 Ⅳ.①B821-49

中国版本图书馆 CIP 数据核字（2018）第192982号

优雅是一种选择（珍藏版）

YOUYA SHI YIZHONG XUANZE（ZHENCANG BAN）

作　　者：徐　俐

出 版 人：刘迪才
出 品 人：符红霞
策划编辑：符红霞
责任编辑：王成成
责任校对：章勤璐
封面设计：U-BOOK
责任监印：黄菲菲

出版发行：漓江出版社有限公司
社　　址：广西桂林市南环路22号
邮　　编：541002
发行电话：010-65699511　　0773-2583322
传　　真：010-85891290　　0773-2582200
邮购热线：0773-2582200
网　　址：www.lijiangbooks.com
微信公众号：lijiangpress

印　　制：北京中科印刷有限公司
开　　本：880 mm × 1230 mm　1/32
印　　张：8
字　　数：160千字
版　　次：2018年11月第1版
印　　次：2021年10月第2次印刷
书　　号：ISBN 978-7-5407-8493-5
定　　价：68.00元

《女人 50^+——50^+ 女人的心灵能量》（珍藏版）

金韵蓉 / 著

前半生，美好的仗已经打过，
对自己、对孩子、对先生、对家庭俯仰无愧，
50 岁后，开始真正为自己而活，
这不是自私，是心灵的自由。

《精油全书——30 年芳疗经验集成》（珍藏版

金韵蓉 / 著

跟随大师引领，探索精油世界，事半功倍
达人从容进阶，新人快速上手。

《选对色彩穿对衣（珍藏版）》

王静 / 著

为中国女性量身打造的
色彩搭配系统。

《识对体形穿对衣（珍藏版）》

王静 / 著

体形不是问题，会穿才是王道。
形象顾问人手一册的置装宝典。

《中国淑女（珍藏版）》

靳羽西 / 著

现代女性的枕边书。

优雅一生的淑女养成法则，

活出漂亮的自己。

《中国绅士（珍藏版）》

靳羽西 / 著

男士必藏的绅士风度指导书。

时尚领袖的绅士修炼法则，

让你轻松去赢。

减掉了五十斤——心理咨询师亲身实践的心理减肥法》

徐徐 / 著

让灵魂丰满，让身体轻盈，

一本重塑自我的成长之书。

《五十芳龄，精彩由我》

徐徐 / 著

重新定义“更年期”，

让我们在走过人生一半岁月的时候，

暂停一下，带着思索回溯过往，

带着觉醒继续向前……

《管孩子不如懂孩子——心理咨询师的育儿笔记》

徐徐 / 著

平凡妈带平凡娃的幸福样本，
构建亲密温暖的母子关系，
用正确的爱，让孩子活出最好的自己。

《〈香畹楼忆语〉今译　详考　精解》

〔清〕陈裴之 / 著　半枝半影 / 译注 & 解

中国古代“忆语体”文学的经典之作。
陈裴之悼念亡妾王子兰之作，原文全本权威
优美今译，零障碍注释，解读抽丝剥茧，
“全景再现式”体味读透原文的快感。

《影梅庵忆语》

〔清〕冒襄 / 著　半枝半影 / 译注 & 解读

“忆语体”文学开山之作，亦代表其最高水准。
冒襄深情追忆亡妾董小宛，全文全本权威点校，
优美今译，零障碍注释，解读抽丝剥茧，
“全景再现式”体味读透原文的快感。

《与茶说》

半枝半影 / 著

茶入世情间，一壶得真趣。
这是一本关于茶的小书，
也是茶与中国人的对话。